关口妙子的娃衣教科书

百搭的经典款式　全彩图教程

〔日〕关口妙子　著

项晓笈　译

Treasured Doll
Coordinate Recipe

河南科学技术出版社

·郑州·

本书是以各种款式、型号的娃娃（男孩和女孩）的衣服为主题。

款式简洁，但是也很典雅、可爱。

书中共有八款设计经典、雅致的服饰。

即便你手边没有蕾丝、穗带、缎带等特别的材料装饰，

仅仅使用布料和缝线，也可以制作出漂亮的娃娃衣服。

抱着这样的想法，我仔细地推敲了衣服穿着时的轮廓外形、可以凸显立体感的打褶等细节，制作了一系列的纸型。

和入门级的图书相比，

这本书里的作品细节丰富，

在制作的过程中可能会有点难度。

请认真细心地一步一步进行就好。

给你最心爱的娃娃，制作一件值得珍藏的衣服吧！

目录

模特：ruruko男孩、ruruko

欢迎来到娃衣秀场！
Fitting room

模特：ruruko男孩、ruruko
制作方法：青果领西装外套p.66、荷叶边衬衣p.56、长裤p.78、蝴蝶结背带裙p.44
纸型：青果领西装外套p.63、荷叶边衬衣p.53、长裤p.75、蝴蝶结背带裙p.41

模特：ruruko、ruruko男孩
制作方法：落肩袖连衣裙p.30、系带无边帽p.108、荷叶边衬衣p.56（应用）、背心p.88、长裤p.78（应用）
纸型：落肩袖连衣裙p.27、系带无边帽p.107、荷叶边衬衣p.53（应用）、背心p.85、长裤p.75（应用）

模特：ruruko
制作方法：斗篷p.98、长裤p.78（应用）
纸型：斗篷p.95、长裤p.75（应用）

模特：六分男子图鉴(Eight)、momoko
制作方法：青果领西装外套p.66、荷叶边衬衣p.56 (应用)、长裤p.78、蝴蝶结背带裙p.44
纸型：青果领西装外套、荷叶边衬衣 (应用)、长裤、蝴蝶结背带裙都参照附录实物大纸型27(28)cm尺寸

模特：momoko
制作方法：落肩袖连衣裙p.30、系带无边帽p.108
纸型：落肩袖连衣裙、系带无边帽都参照附录实物大纸型27（28）cm尺寸

模特：六分男子图鉴(Eight)、momoko
制作方法：荷叶边衬衣p.56(应用)、背心p.88、长裤p.78、斗篷p.98、蝴蝶结背带裙p.44
纸型：荷叶边衬衣(应用)、背心、长裤、斗篷、蝴蝶结背带裙都参照附录实物大纸型27(28)cm尺寸

模特：EMMA（靛蓝）、深音
制作方法：落肩袖连衣裙p.30、系带无边帽p.108、荷叶边衬衣p.56（应用）、背心p.88、长裤p.78（应用）
纸型：落肩袖连衣裙、系带无边帽、荷叶边衬衣（应用）、背心、长裤（应用）都参照附录实物大纸型11cm尺寸
OBITSUBODY®

模特：EMMA（紫晶）、深音
制作方法：青果领西装外套p.66、荷叶边衬衣p.56、长裤p.78、蝴蝶结背带裙p.44、系带无边帽p.108
纸型：青果领西装外套、荷叶边衬衣、长裤、蝴蝶结背带裙、系带无边帽都参照附录实物大纸型11cm尺寸
OBITSUBODY®

模特：深音
制作方法：斗篷p.98、长裤p.78（应用）
纸型：斗篷、长裤（应用）都参照附录实物大纸型11cm尺寸
OBITSUBODY®

模特：Alice Time of grace Ⅲ、OBITSU 55cm素体＋PARABOX 小P头部（定制）
制作方法：荷叶边衬衣p.56、背心p.88、长裤p.78、蝴蝶结背带裙p.44
纸型：荷叶边衬衣、背心、长裤、蝴蝶结背带裙都参照附录实物大纸型48（55）cm尺寸

模特：Alice Time of grace Ⅲ
制作方法：落肩袖连衣裙p.30
纸型：落肩袖连衣裙参照附录实物大纸型48（55）cm尺寸

模特：Alice Time of grace Ⅲ、OBITSU 55cm素体+PARABOX 小P头部（定制）
制作方法：青果领西装外套p.66、荷叶边衬衣p.56（应用）、背心p.88、长裤p.78、斗篷p.98、蝴蝶结背带裙p.44、系带无边帽p.108
纸型：青果领西装外套、荷叶边衬衣（应用）、背心、长裤、斗篷、蝴蝶结背带裙、系带无边帽都参照附录实物大纸型48（55）cm尺寸

开始制作吧！

Lesson

准备基本的工具

本书作品在制作过程中使用了缝纫机，在这里讲解一下基础的制作方法。如果没有缝纫机，也可以全部用手缝制作。这里介绍的是制作娃娃衣服所必需的缝纫工具。也请自行准备其他各种方便好用的工具。

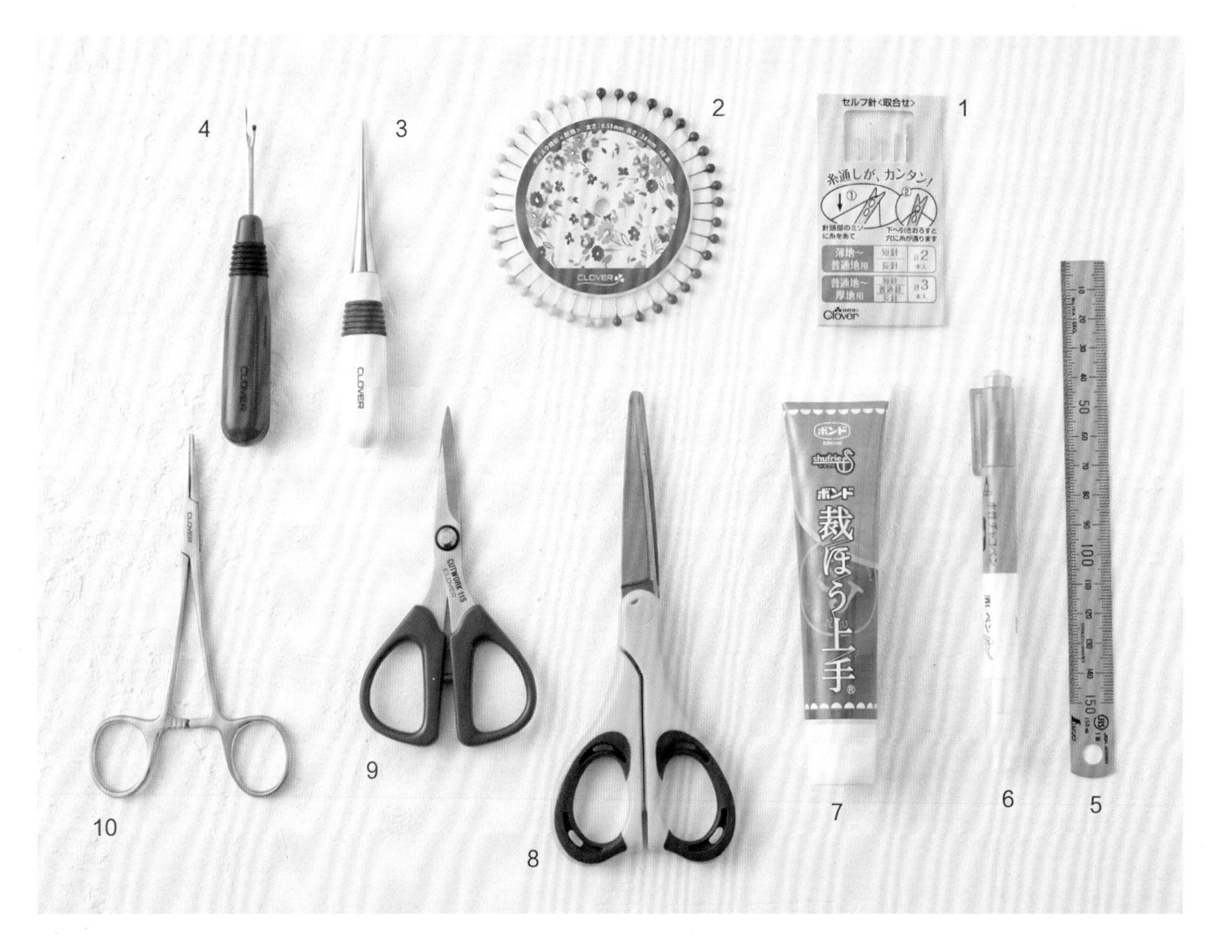

1 ● **针**
缝合固定布料、扣子等时使用。

2 ● **珠针**
缝制时临时固定，防止布料偏离、错位。

3 ● **锥子**
翻出缝合部分的尖角，压住不方便使用手压的部分，调整抽褶部分，可以使用在各种场合。

4 ● **拆线器**
缝制出错的时候，拆开缝错的针目。

5 ● **尺子**
用来画完成线、测量各部分的长度。本书中的作品比较小，使用15cm的短尺比较便利。

6 ● **记号笔**
推荐使用水消记号笔。印记可以轻松用水消除。

7 ● **布用胶**
用于临时固定各部分、粘贴缝份。请选择布料专用的胶。

8 ● **剪纸剪刀**
准备剪纸剪刀，专门用来裁剪纸型。

9 ● **布用小剪刀**
用来裁剪各部分布料或剪断缝线。不要用布用剪刀来裁剪除线和布料以外的其他材料，以保持刀刃的锋利。相较于大剪刀，小剪刀更适合用于制作娃娃衣服。

10 ● **返里钳**
将各部分翻回正面时使用，也能帮助娃娃穿脱衣服。准备一把返里钳非常有必要。

注意：
准备布料时和衣服完成时使用熨斗熨烫平整。
裁剪好的各部分的布边涂抹锁边液避免绽线。

熨斗的使用方法

在做记号之前，先使用熨斗熨平布料的折痕。衣服制作过程中，也会用到熨斗。为了更漂亮地完成娃娃的衣服，可以选择小号的熨斗熨烫缝份、打开缝份、整理衣形。这里先学习一下熨斗的使用方法。

❇ 整理针目

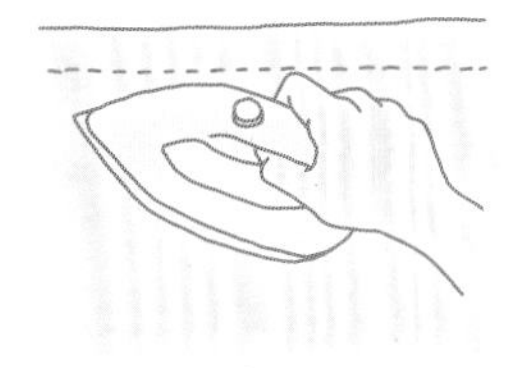

使用熨斗熨平针缝的部分，便于缝制

❇ 打开缝份

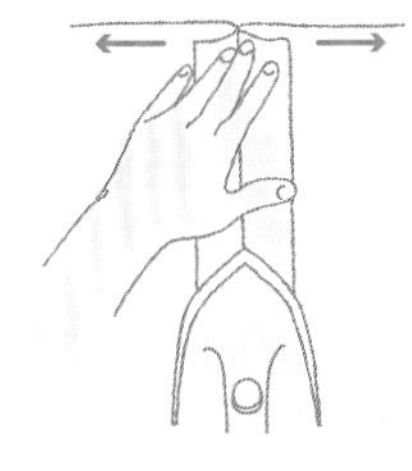

用手打开缝份，再使用熨斗熨平

❇ 缝份倒向一侧

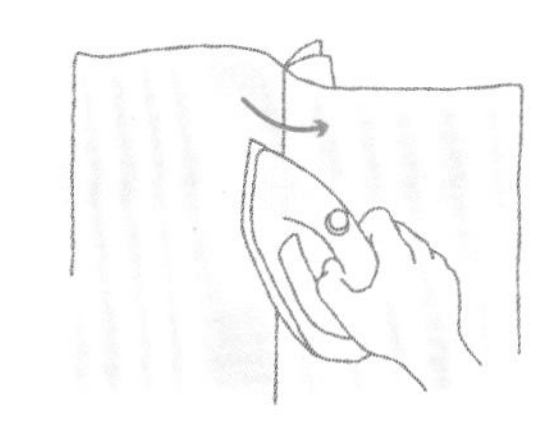

打开布片，缝份倒向一侧，再使用熨斗熨平

缝纫机的使用方法

本书主要使用缝纫机制作娃娃的衣服。缝纫机分为家用缝纫机、职业用缝纫机和工业用缝纫机。制作书中的娃娃衣服，选择家用缝纫机就可以胜任。在遇到粗斜纹布等较厚布料的时候，如果缝纫机具有专门缝纫厚布料的功能，会比较方便。但即使没有这样的功能也没关系，放慢机缝的速度，注意针目均匀就可以了。

使用缝纫机制作娃娃衣服

- 娃娃衣服的尺寸都比较小，缝纫机的针目长也要设定得小一些。针目长一般设定为1.5~2mm，抽褶用的针目长可以略大一些，设定为3~4mm。
- 使用薄布料或针织布料等具有伸缩性的布料、缝制较小的部分、缝制有困难时，都可以垫上一张薄纸再进行缝制。这里可以使用纸型复印件的剩余部分当垫纸，避免浪费。将纸张纤维易于撕裂的方向和缝制方向对齐，缝制完成后就可以很容易地撕去垫纸。
- 使用锁边液涂在裁剪完成的布料上，处理布边。如果是三分娃娃（例如48cm、55cm）的衣服，尺寸较大，也可以机缝之字形线迹锁边。如果有锁边机，那就可以更好地处理这一部分。
- 不习惯使用缝纫机的话，推荐选择厚薄适中、易于处理的平纹棉布。熟悉了这类布料的制作后，再来挑战薄布料或针织布料。
- 关于缝纫机针和缝线的粗细，一般情况下用90号缝线搭配9号机针。缝制三分娃娃（例如48cm、55cm）的衣服或是布料较厚时，可以使用60号缝线搭配11号机针。

◆确认缝线张力

机缝时，缝纫机的上线和下线相互拧在一起。需要调整好这两股缝线的张力，再进行缝制。正式缝纫前先在碎布上进行试缝，以确认上、下线平整不起皱，可以缝制出整齐漂亮的针目。按照图示，将针目调整为正确的状态。调节缝线张力的方法因缝纫机的不同而存在差异，请参考缝纫机的说明书进行确认。

正确的缝线张力

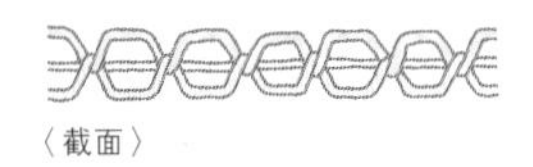

〈截面〉

〈针目〉

错误的缝线张力

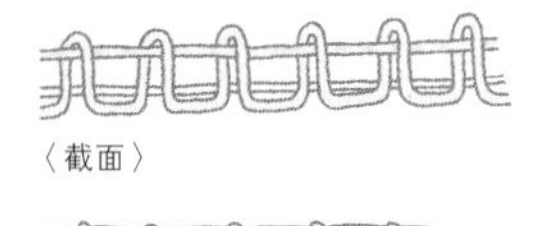

〈截面〉

〈针目〉

◆基础缝制方法

这里介绍的是本书中用到的机缝方法。

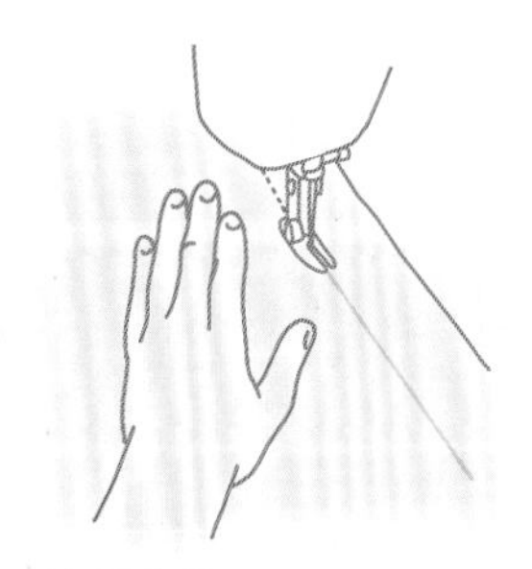

缝制直线

针落在完成线上，缝制直线。

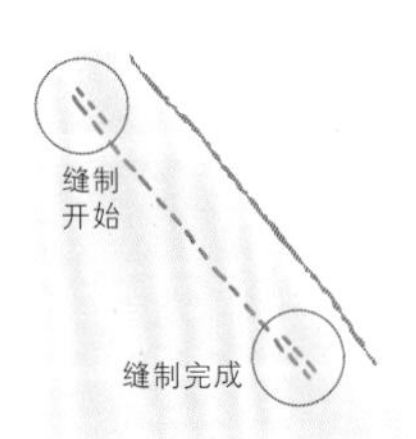

回针缝

为了防止针目绽开，需要在缝制开始和缝制完成处用回针缝缝制几针。

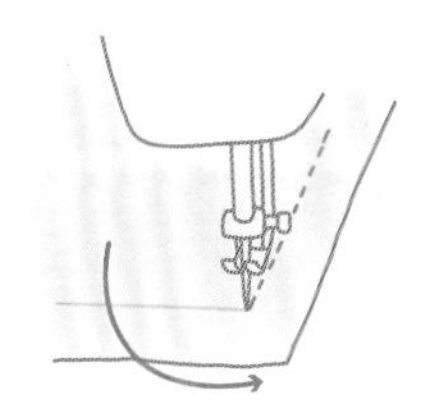

改变缝制方向

为了针目不发生偏离，保持落针的状态，仅抬起压脚转动布料，改变缝制的方向。

手缝基础技法

本书主要使用缝纫机制作娃娃的衣服，但粗缝、钉缝固定扣等场合需要进行手缝。此外，如果手边没有缝纫机，也可以选择全部用手缝进行制作。

◆各种手缝方法

平针缝和回针缝都是手缝时使用的方法。缝制蕾丝等装饰时使用平针缝。缝合前、后衣身，或是缝制需要一定的牢固度时，可以使用回针缝。

● 用珠针固定的方法

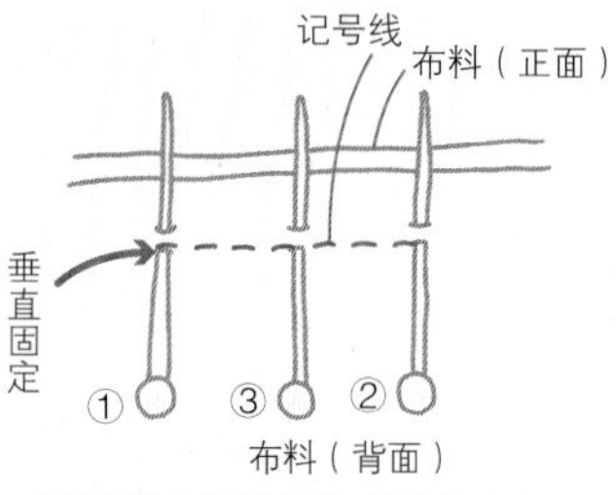

在记号线的两端（①、②）和中心（③）用珠针固定
缝制较长的部分时，在中心（③）和端点（①及②）之间，再等距离地用珠针多固定几处

● 缝制开始打结

缝制开始前，在缝线一端打结

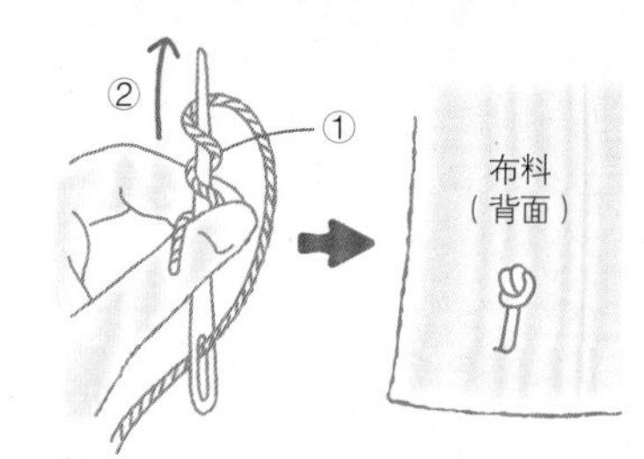

①缝线在针上绕2圈
②拔针打结

● 缝制完成打结

缝制完成后打结固定，防止针目绽开

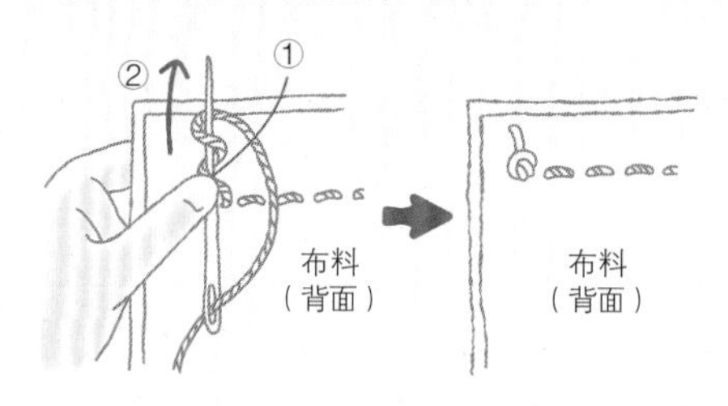

①针紧贴针目，缝线在针上绕2圈
②用手指压紧缝线，拔针打结

● 平针缝

基础的缝制方法

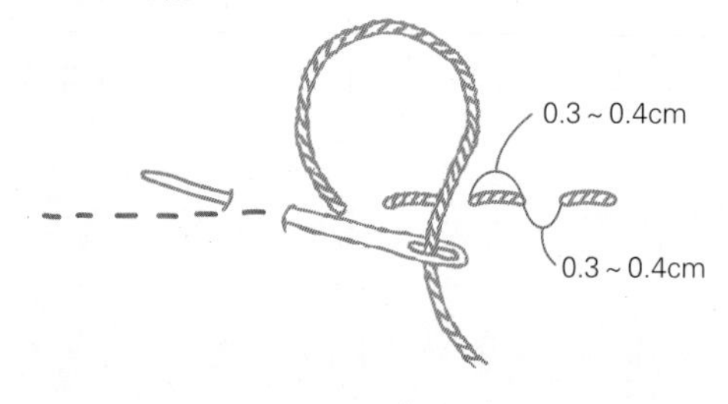

● 粗缝

缝纫机机缝前的临时固定

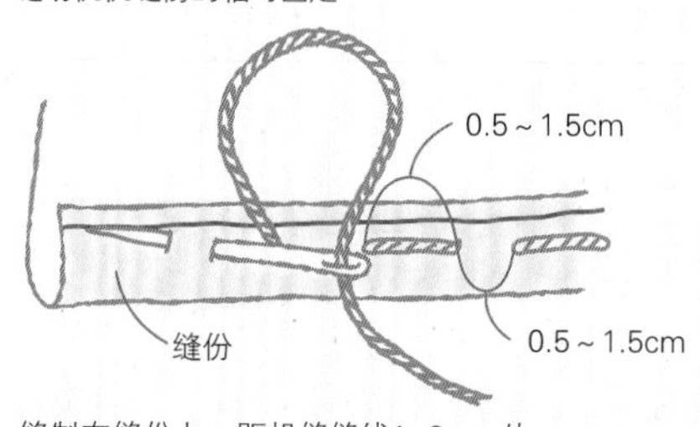

缝制在缝份上，距机缝缝线1~2mm处

● 回针缝

使针目更加牢固

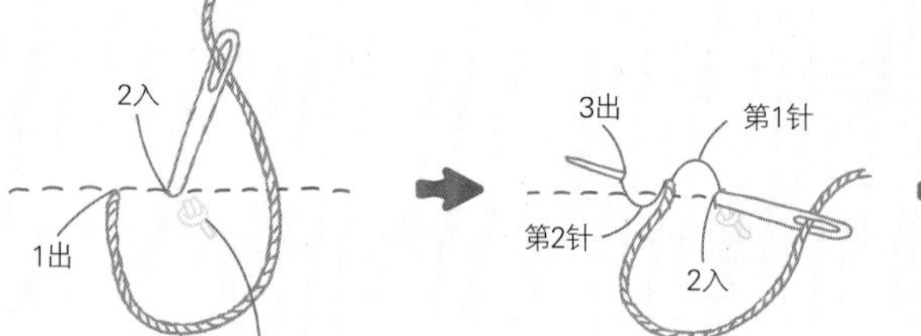

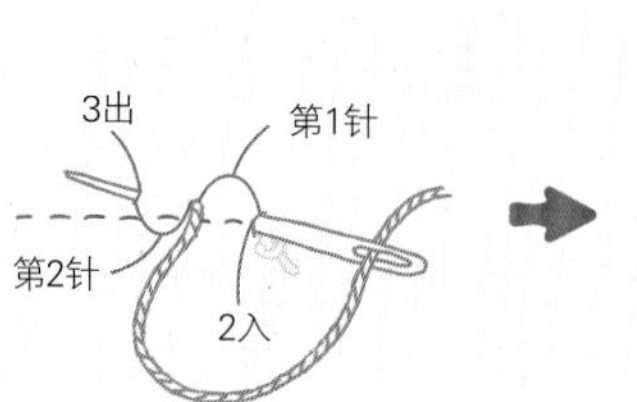

从第1针的前端出针（1出）
回到缝制开始的位置入端（2入）

从第2针的前端出针（3出）

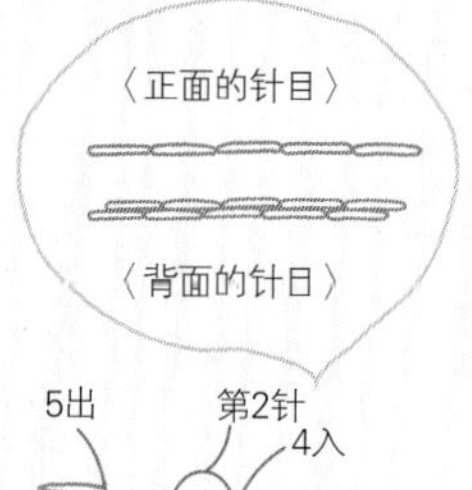

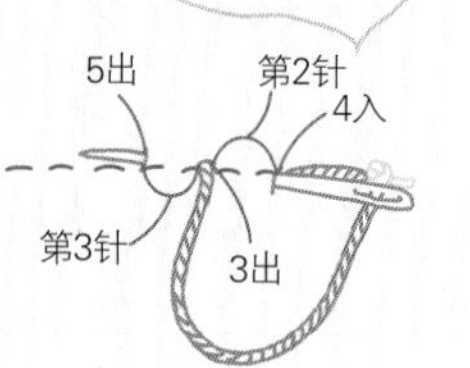

回到第1针的位置入针（4入）
从第3针的前端出针（5出）
重复缝制

◆固定扣的钉缝方法

这里介绍本书中出现的各种固定扣的钉缝方法。用在背后开口等需要固定的场合。
魔术贴不要使用热粘贴或背胶类型，请选择薄款的使用。
钉缝方法请参照每个作品制作方法的具体步骤。

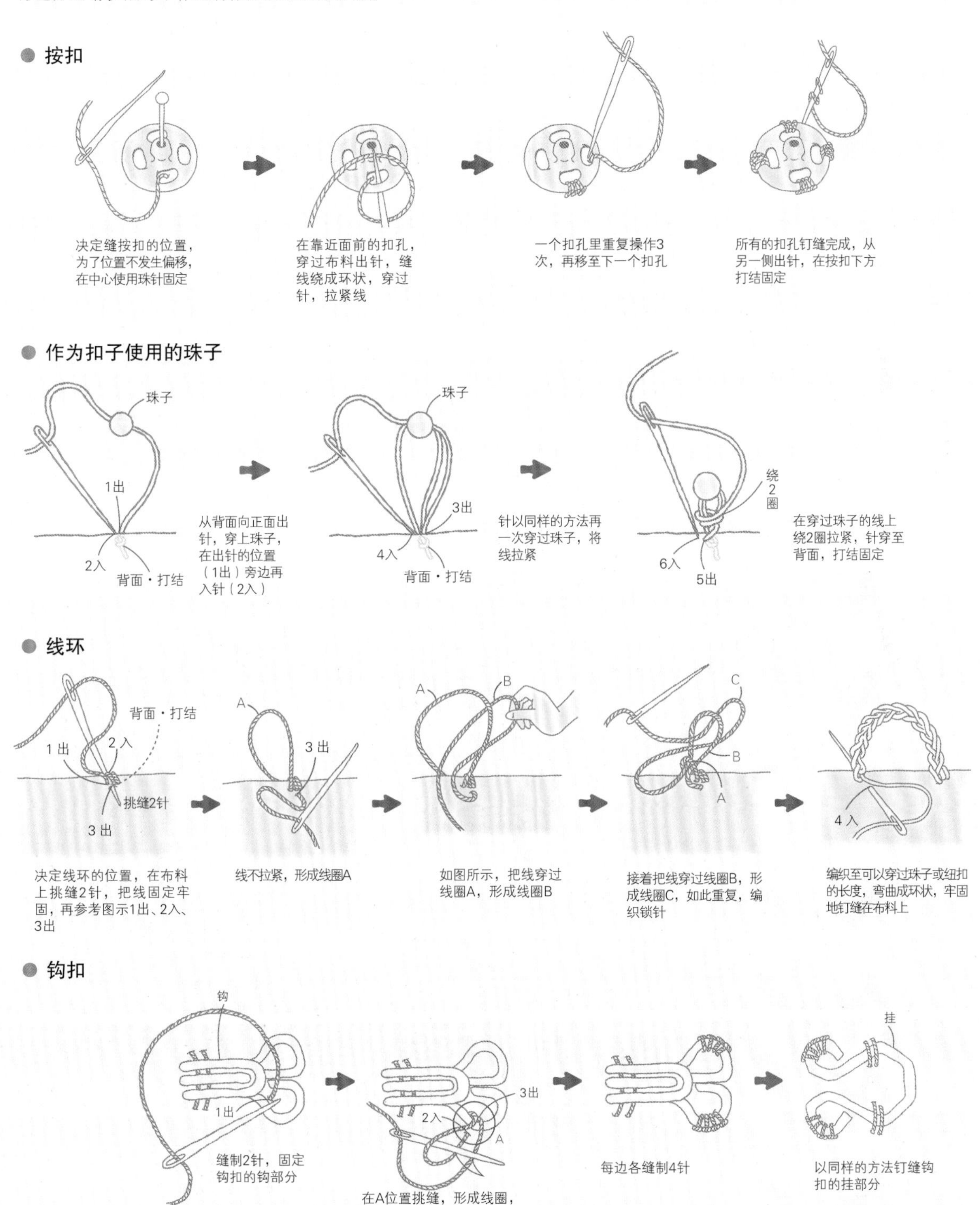

纸型的符号说明

这一页介绍了纸型各部分的名称和描画方法。
如果不太清楚纸型上的记号是什么意思，可以先在这里进行确认。

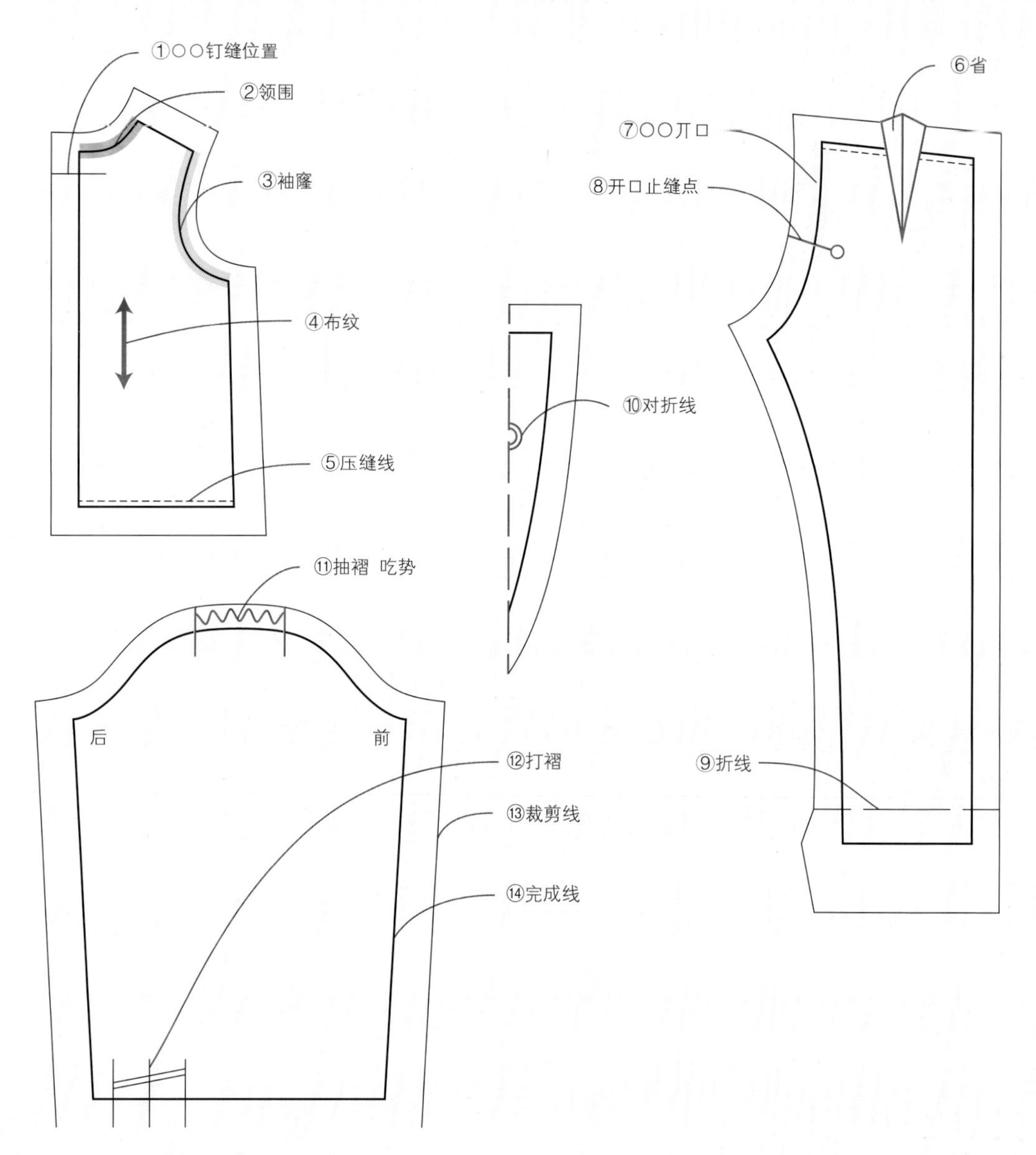

①○○钉缝位置　钉缝肩带或缎带的位置。

②领围　沿脖子一周的完成线。

③袖窿　袖子和衣身的缝合部分。

④布纹　表示所使用布料的布纹方向。

⑤压缝线　表示压缝的位置。

⑥省　省部分折叠的记号。

⑦○○开口　穿脱衣服的开口部分。背后开口(开衩)等部位。

⑧开口止缝点　开口结束的位置。停止缝制的位置。

⑨折线　表示折叠的位置。

⑩对折线　以记号线为中心对称准备纸型。

⑪抽褶　表示抽褶(缩缝布料，抽出细褶)的位置。

吃势　表示吃势(缩缝布料，使其立体、饱满)的位置。

⑫打褶　表示折叠布料形成立体感的位置。从斜线高的一侧折向低的一侧。

⑬裁剪线　表示裁剪布料时的线，包含缝份。

⑭完成线　表示完成作品的尺寸。

纸型描画方法

娃娃的衣服尺寸比较小，所以有一点小偏差都会对整体造成影响。
需要仔细地描画纸型，并且正确地进行裁剪。

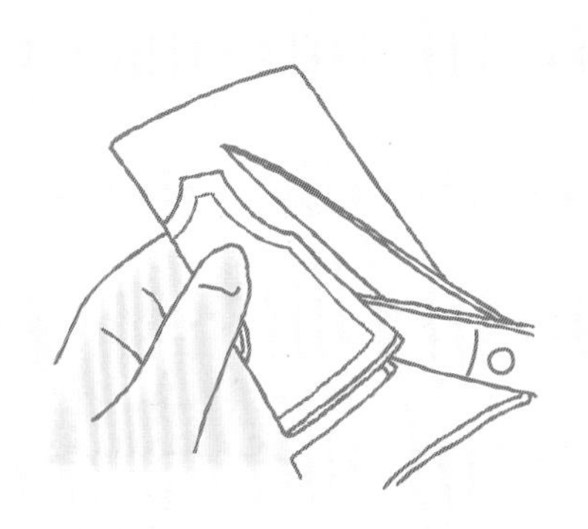

1 复印纸型，沿裁剪线剪下。有对折线的情况下，将纸型对折，重叠着裁剪。

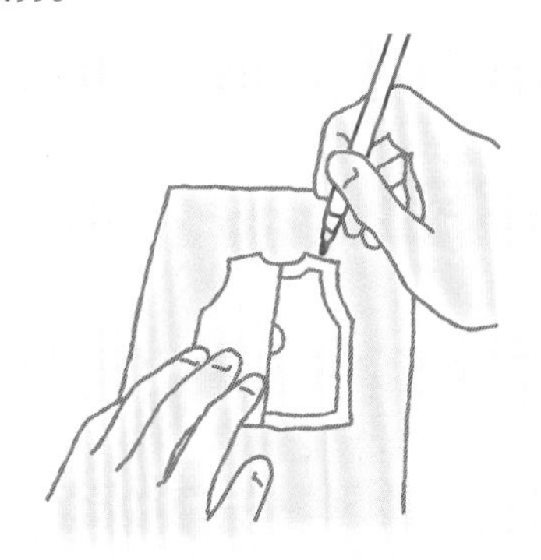

2 将纸型放置在布料上方，用手压紧不让纸型移动，沿着纸型描画一周。

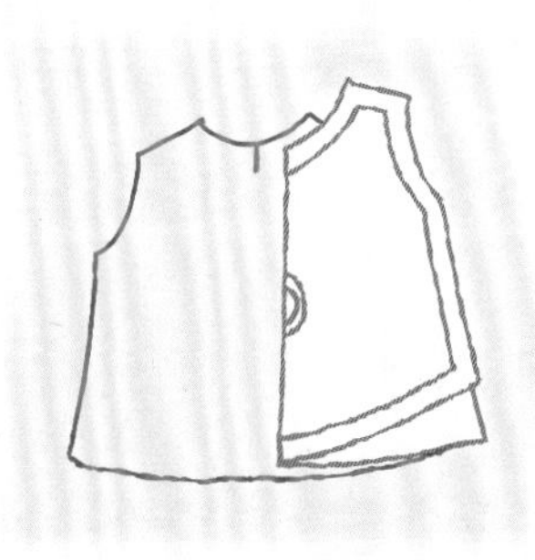

3 做好必要的记号，如前侧中心点等。

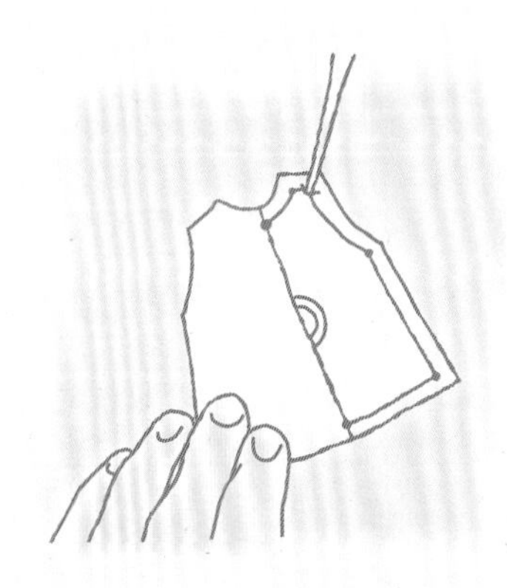

4 使用锥子，在纸型完成线的转角处打孔做好定位记号。

5 将做好定位记号的纸型对齐步骤2描画好的裁剪线，使用水消笔对准孔的中心位置在布料上做出记号点。

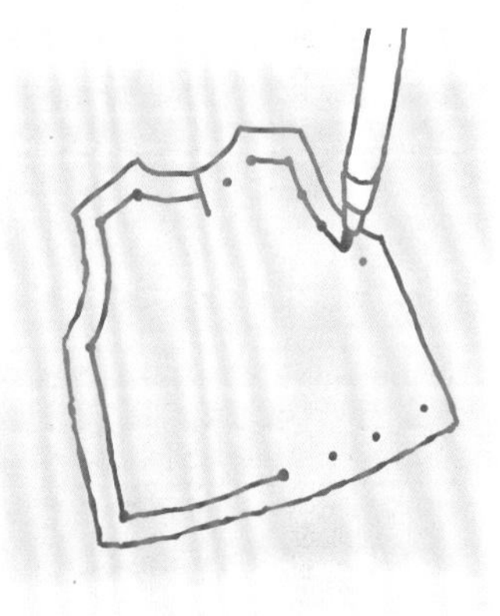

6 连接记号点，画出完成线。

7 如果是较长的直线，请使用尺子来连接。

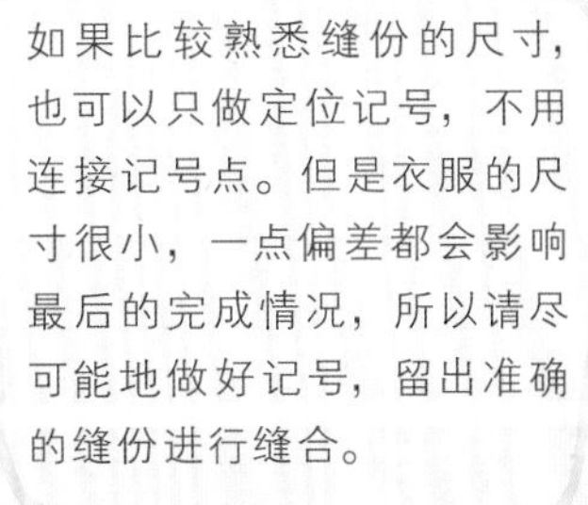

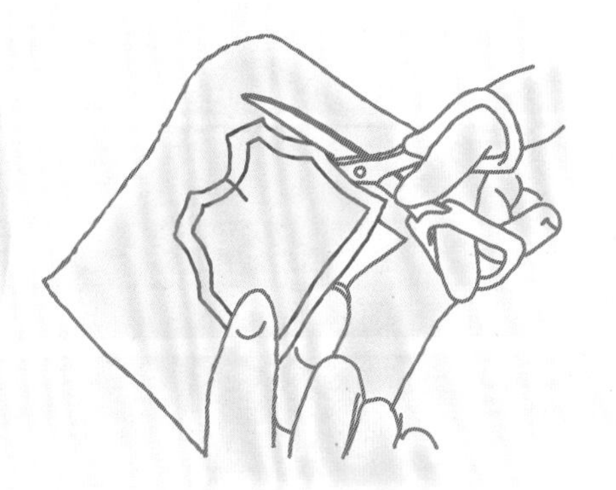

8 沿着描画好的裁剪线裁剪布料。在布边涂上锁边液。

Lesson 1 落肩袖连衣裙

落肩袖连衣裙

20cm 尺寸实物大纸型

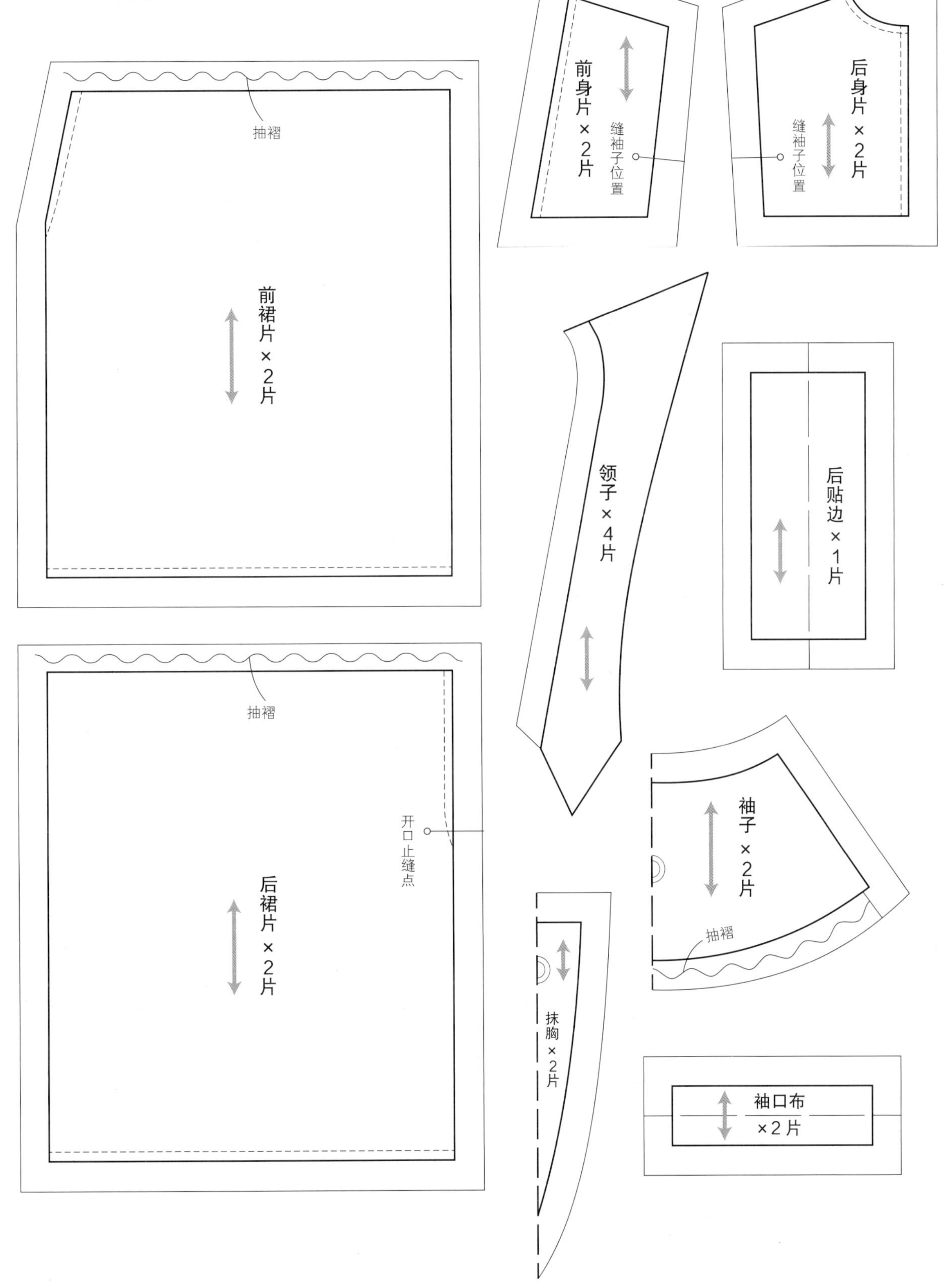

落肩袖连衣裙

所需材料 ※以ruruko为模特。

布料・・・23cm×43cm

背后开口用珠子・・・2颗

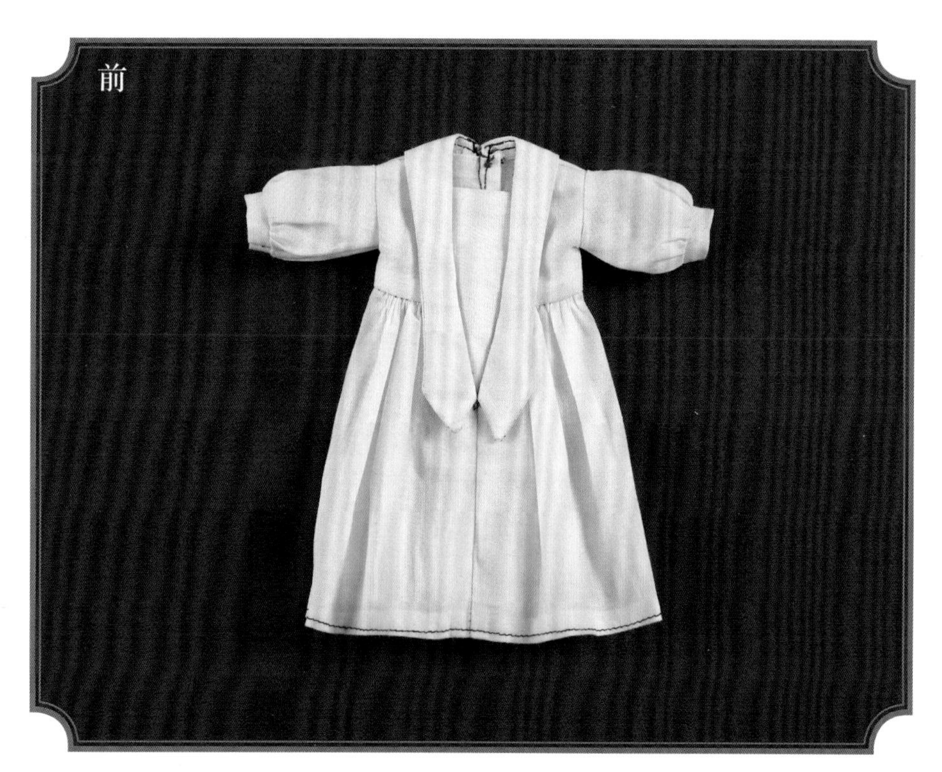

前

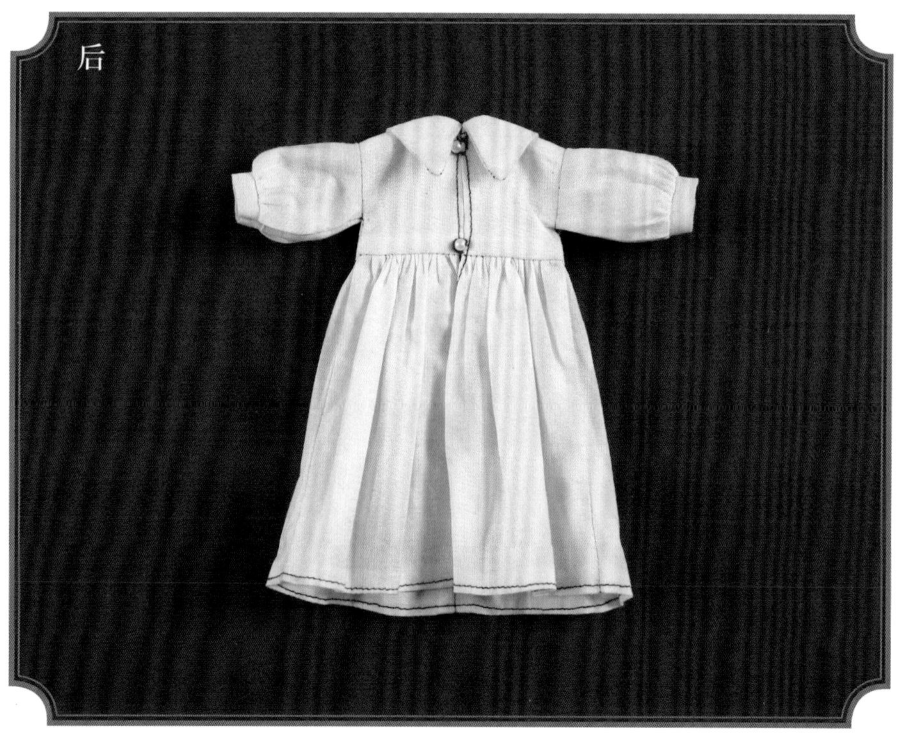

后

落肩袖连衣裙

各尺寸的适用范围

制作步骤页面使用的是以ruruko为模特的20cm尺寸。
纸型共登载了11cm、20cm、27cm、48cm四种尺寸。

11cm尺寸

这里的11cm尺寸是以OBITSU 11cm素体为模特。
适用本书11cm尺寸的娃娃有OBITSU 11cm素体、黏土人（女孩、男孩）、PiccoNeemo S素体。
PiccoNeemo S素体的身形较高，连衣裙显得较为迷你。

27cm尺寸

这里的27cm尺寸是以momoko为模特。
适用本书27cm尺寸的娃娃有momoko、六分男子图鉴（Eight&Nine）、U-Noa Quluts Light荒木（Flourite&Azurite）、珍妮、FR Nippon Misaki。
FR Nippon Misaki身形较高，连衣裙显得较短。

20cm尺寸

这里的20cm尺寸是以ruruko（PureNeemo XS素体）为模特。
适用本书20cm尺寸的娃娃有ruruko、PureNeemo XS素体、兔子娃娃、丽佳、Blythe（小布）、PureNeemo S素体、PureNeemo男孩S素体。
丽佳、Blythe（小布）、PureNeemo S素体通常适用22cm的尺寸，20cm的连衣裙偏小，可以适当调整胸部的位置。请试着将胸部部分向下延长1cm左右即可。兔子娃娃身形较矮，连衣裙会显得较长。

48cm尺寸

这里的48cm尺寸是以Alice Time of Grace Ⅲ（OBITSU 48cm素体S胸）为模特。
适用本书48cm尺寸的娃娃有U-Noa Quluts荒木女孩、Blue Fairy女孩（Tiny Fairy）、OBITSU 48cm素体（S、M胸）、OBITSU 50cm素体（S、M胸）、OBITSU 55cm素体、LUTS女孩（Kid Delf、Senior Delf）。
U-Noa Quluts荒木女孩和Blue Fairy女孩（Tiny Fairy）、LUTS女孩（Kid Delf）身形较瘦、较矮，连衣裙会偏大。OBITSU 50cm、55cm素体身形较高，连衣裙会偏短。LUTS女孩（Senior Delf）身高约有60cm，连衣裙就成了超迷你款。

※娃娃的分类、各尺寸的适用范围均出自日本株式会社图像出版社的调查。请勿向生产厂商咨询。

落肩袖连衣裙的制作方法

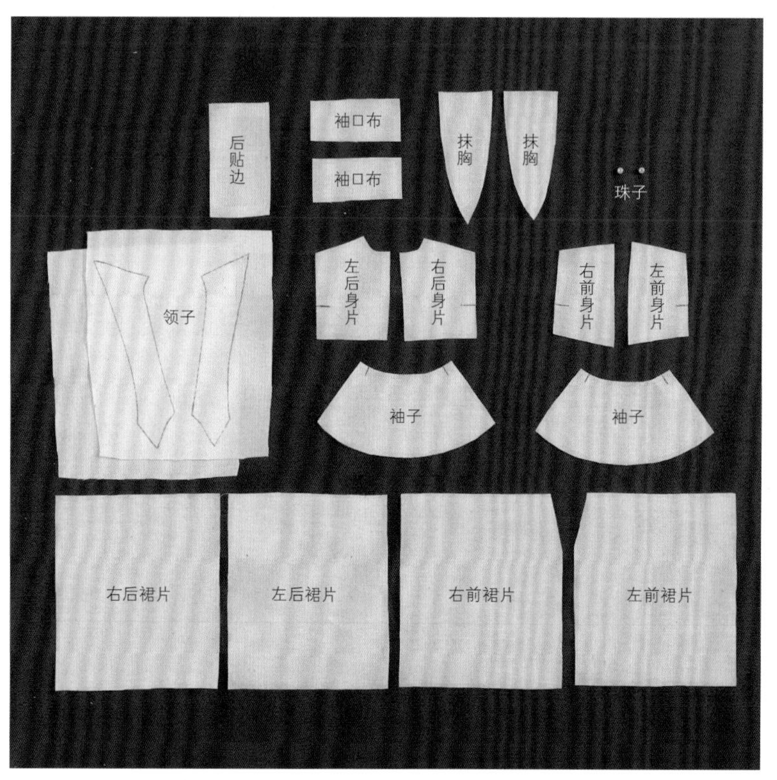

1 裁剪布料，涂上锁边液。做好需要的记号点。领子部分需要缝合后再裁剪，参考图示先画好缝合线。
*纸型中的前身片、后身片、前裙片、后裙片，面料都是按照左、右对称的方式裁剪出2片。

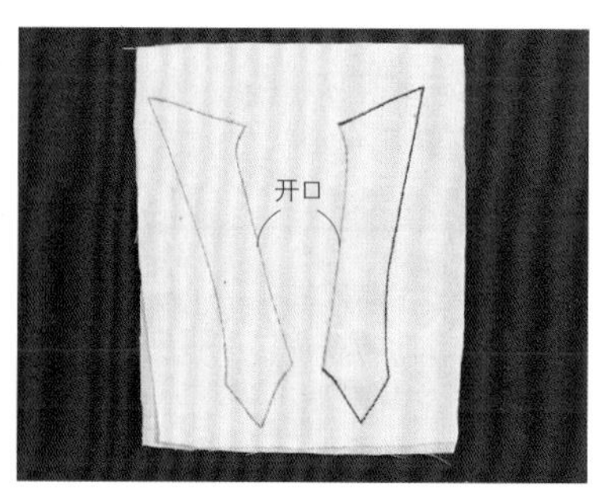

2 将领子布料正面相对对齐，缝合除开口外的其他部分（右）。

3 用同样的方法缝合另一片领子，留出2mm左右的缝份后裁剪，并剪去尖角。开口处已含有缝份，沿记号线裁剪即可。

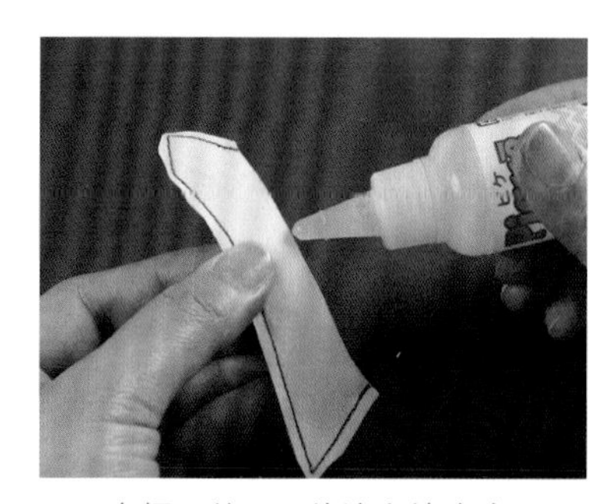

4 在领子的开口处涂上锁边液。

5 把领子翻回正面，使用锥子整理形状后，再用熨斗熨烫平整。

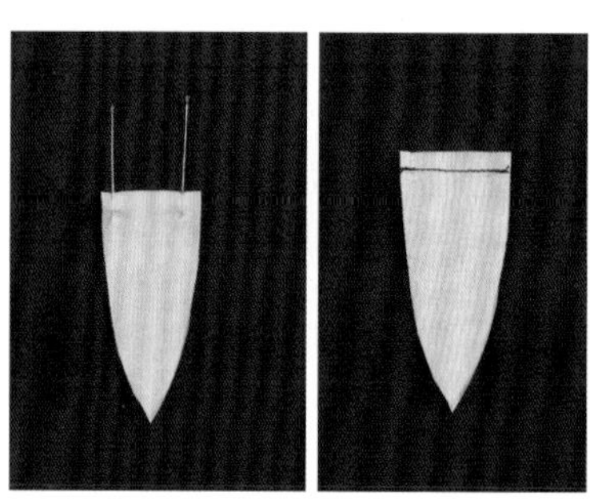

6 2片抹胸部分正面相对对齐，用珠针固定（左）。缝合上方的完成线（右）。

7　翻回正面，使用熨斗熨烫。

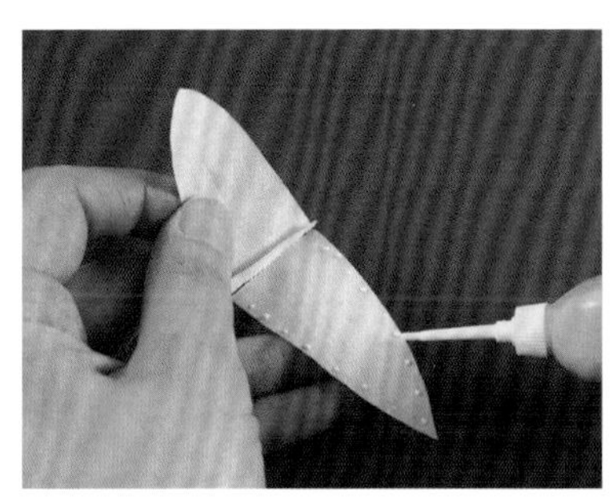

8　参考图示，在抹胸部分的一周点状涂上布用胶，并把两片粘贴在一起。

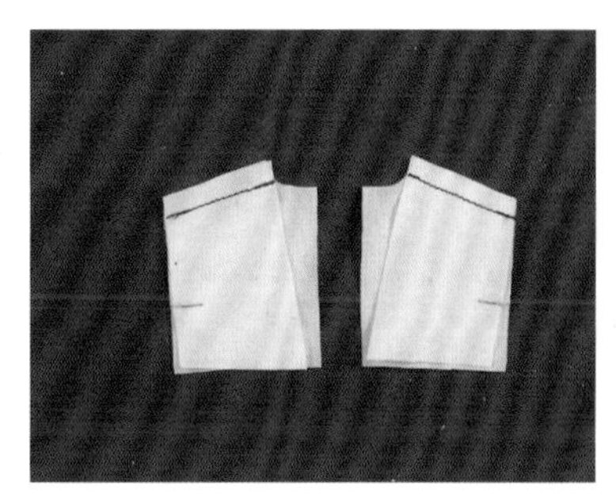

9　前身片、后身片正面相对对齐，使用缝纫机缝合肩部。

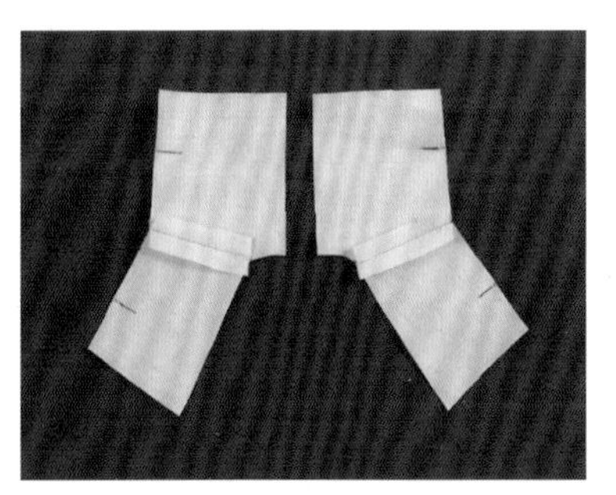

10　使用熨斗熨开肩部的缝份。

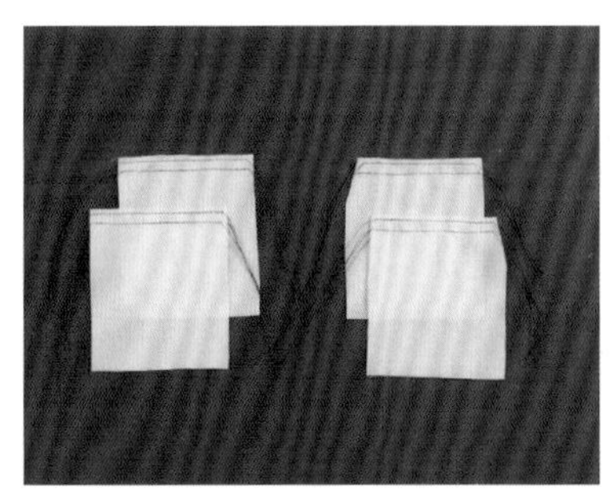

11　在裙片腰部的缝份上机缝2条线，用于抽褶。

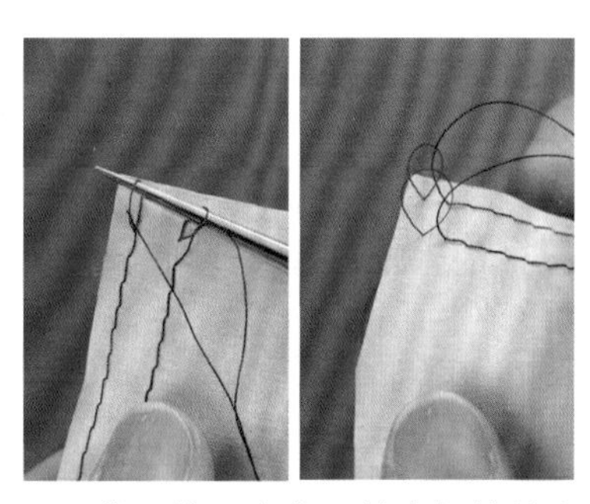

12　使用锥子在背面抽出机缝的上线。

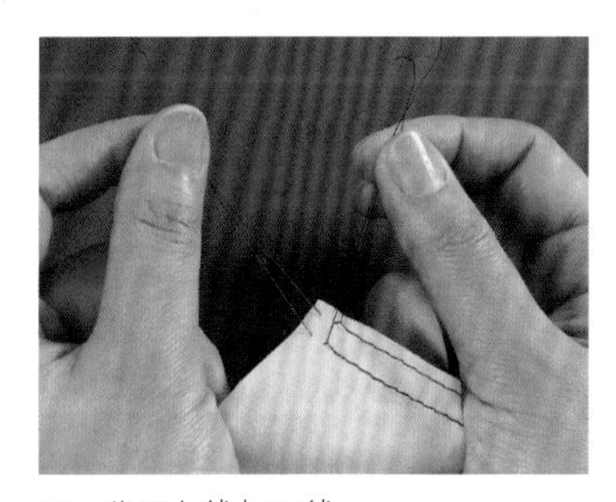

13　分开上线与下线。

14　将一侧的上线和下线打结。

15　一点点地拉2股下线，把布料拉紧缩至符合腰部的尺寸，抽出细褶。

16 将拉紧的下线和上线打结，固定抽褶。

17 使用熨斗熨烫，固定抽褶。以同样的方法处理后裙片。

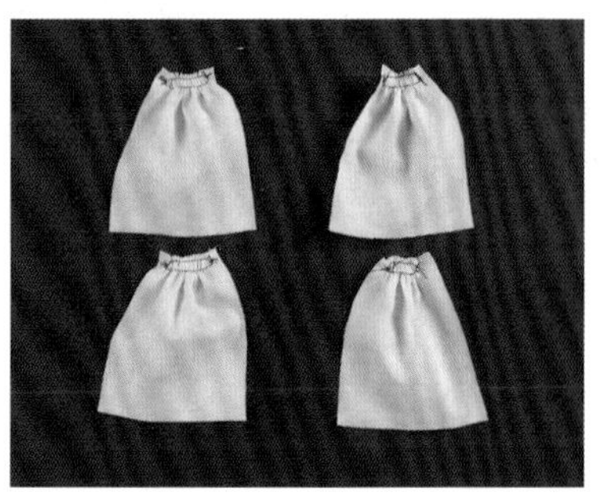

18 完成2片前裙片、2片后裙片，共4片裙子部分。

19 前身片、前裙片的腰部正面相对对齐，用珠针固定。

20 从裙片的这一面缝合前身片和前裙片。注意，一边缝合一边使用锥子整理抽褶部分。

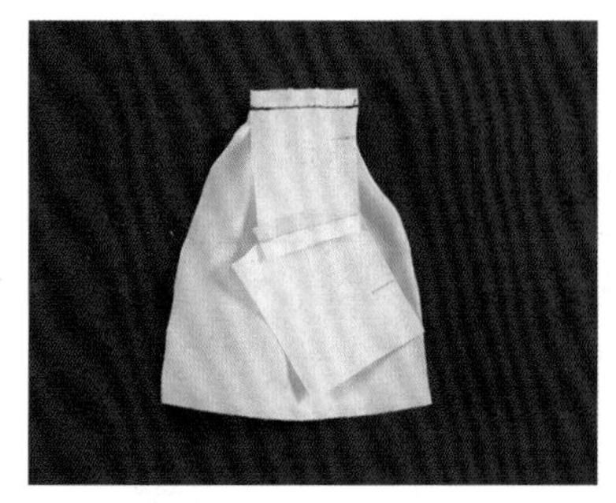

21 完成前身片和前裙片的缝合。

22 将腰部的缝份倒向前身片部分，使用熨斗熨烫。

23 拆去用于抽褶的缝线。

24 以同样的方法，把前、后裙片分别缝合到前、后身片上，完成2片衣身（左衣身、右衣身）。

25 参考图示，在袖子的缝份上机缝2条线，用于抽褶。

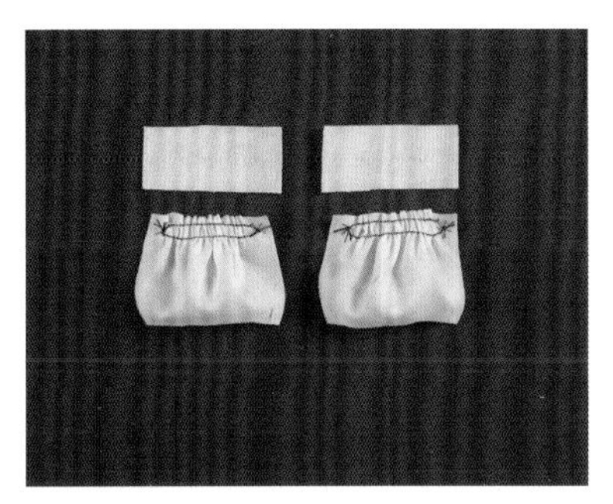

26 拉紧缝线，缩至袖口布宽度，在袖口抽出细褶。

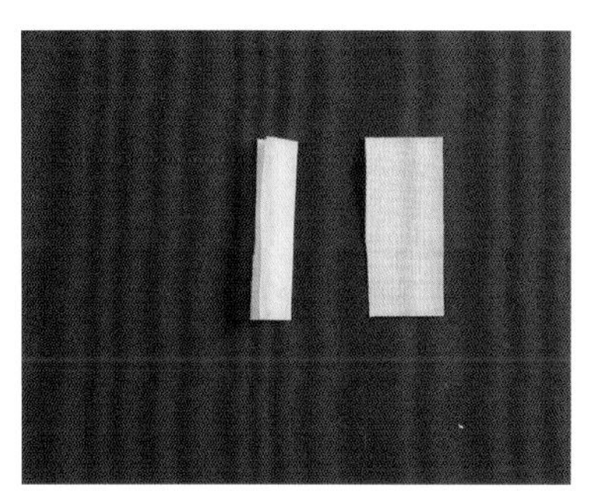

27 袖口布对折，使用熨斗熨烫。

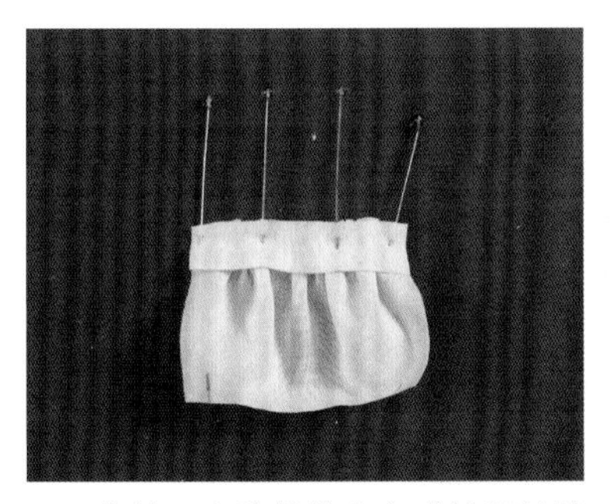

28 将袖口布的缝份和完成抽褶的袖口正面相对对齐，用珠针固定。

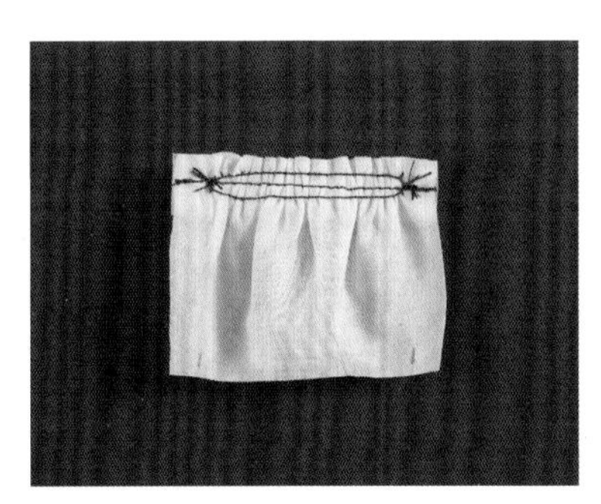

29 从袖子一侧缝合袖口布和袖口。

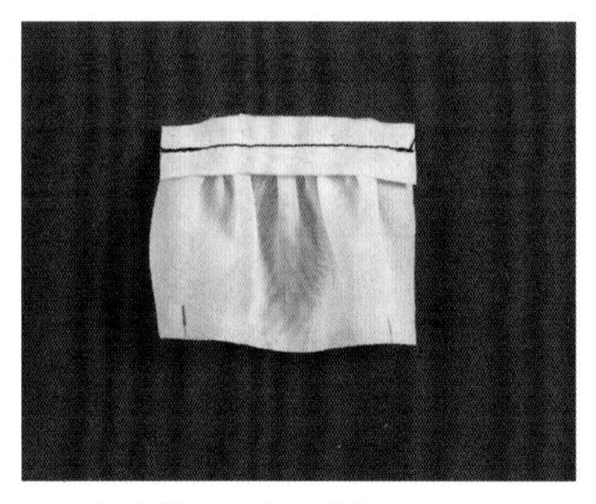

30 完成后袖口布的样子。

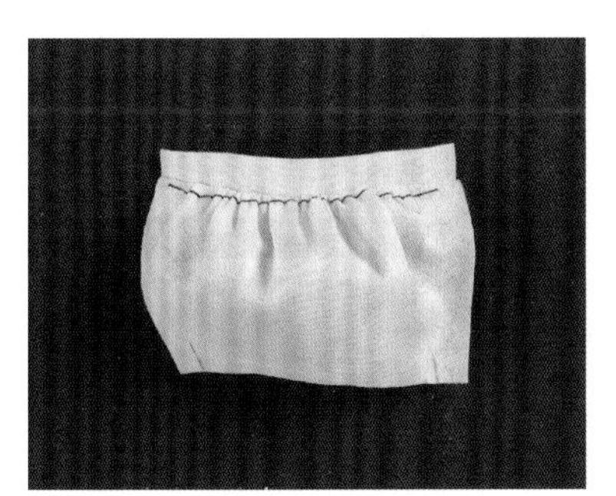

31 拆去用于抽褶的缝线。

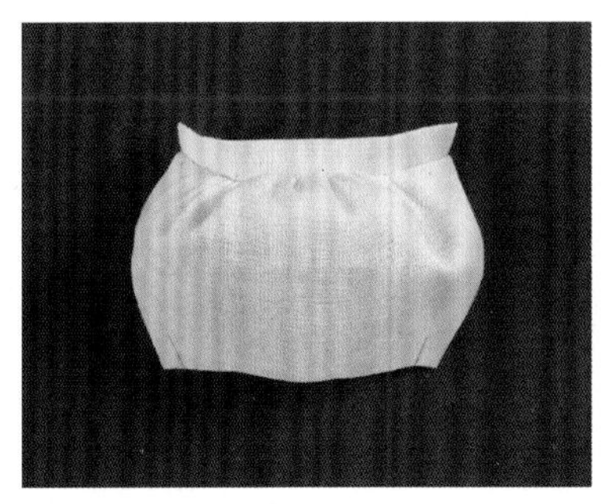

32 缝份倒向袖子一侧，使用熨斗熨烫。

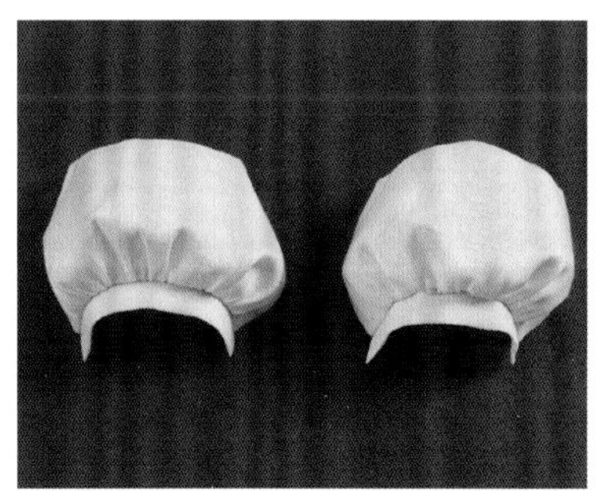

33 完成袖子部分。

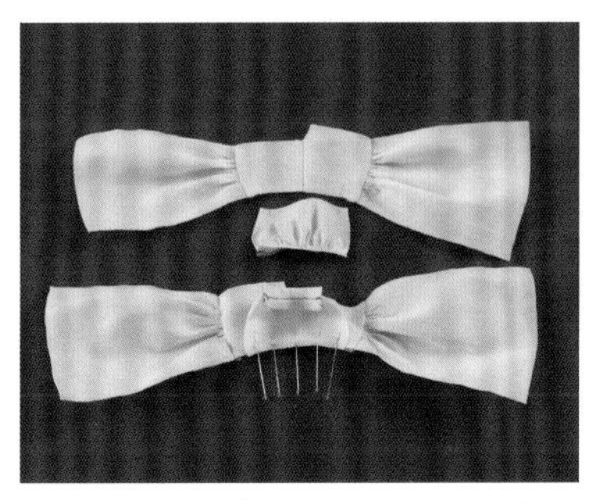

34 把衣身袖窿的中心和袖子的中心正面相对对齐（上），按照中心、两端、中心和两端之间的顺序用珠针固定（下）。

35 两端的缝份各留出5mm（11cm尺寸留出3mm），缝合袖子。

36 缝份倒向袖子一侧，使用熨斗熨烫。

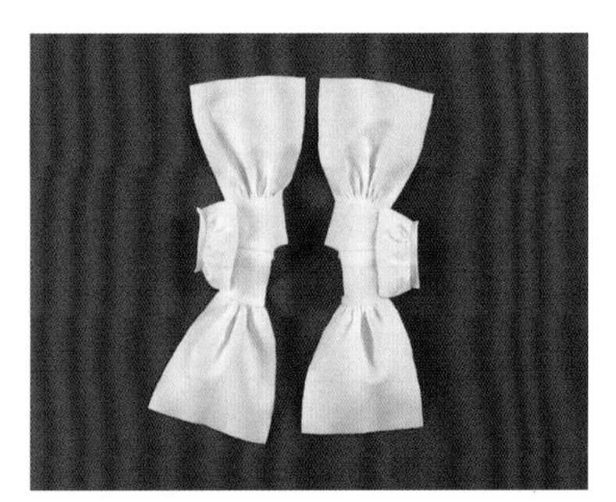

37 以同样的方法完成左、右衣身与袖子的缝合。

38 在衣身的后身片、前裙片上要缝合领子的位置做好记号点。

39 在领子上画好缝线。

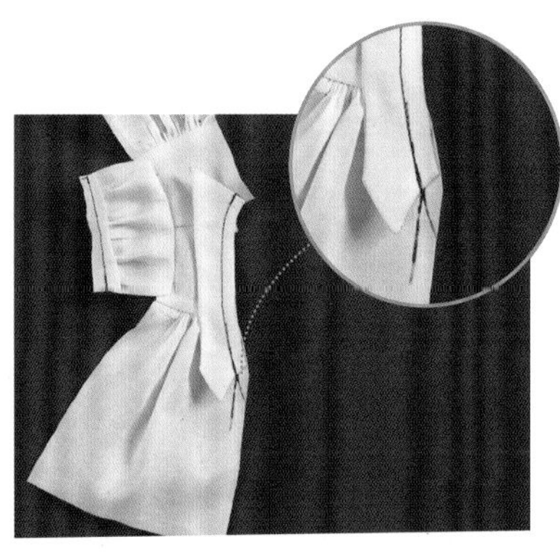

40 对齐衣身上缝合领子的记号点和领子的缝线，在缝线上进行缝合。

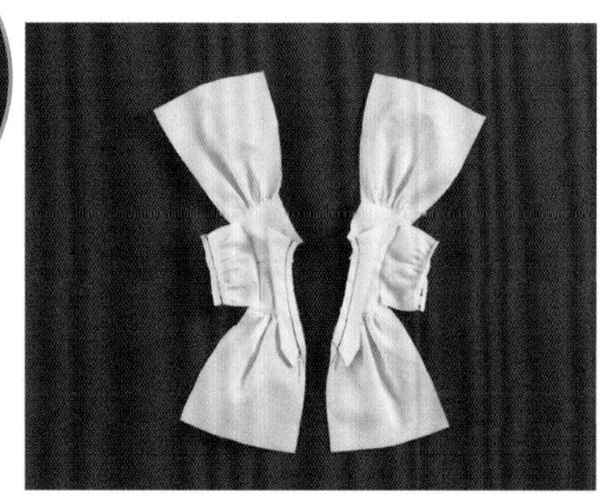

41 以同样的方法完成左、右衣身和领子的缝合。

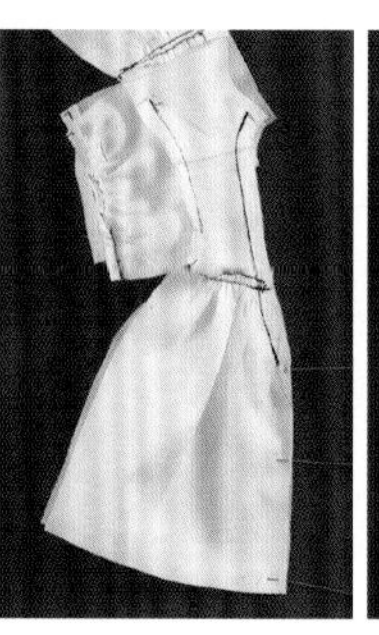

42 把左、右衣身正面相对对齐，用珠针固定，缝合至前侧中心缝合领子的位置。缝合时注意对齐左、右领子，不要发生偏移、错位。

43 使用熨斗熨开前侧中心的缝份。

44 翻回正面。确认左、右领子的位置正确。

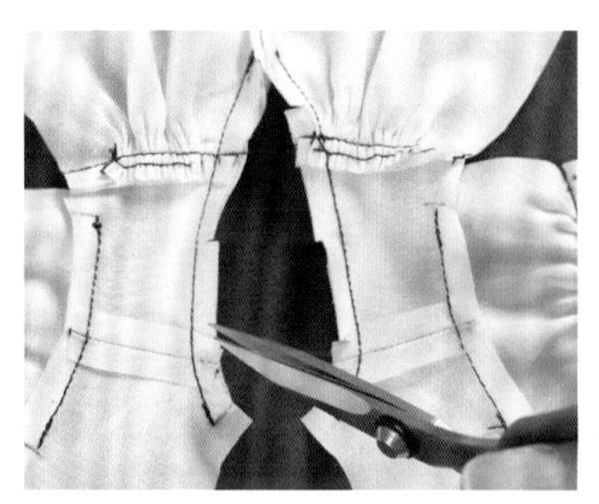

45 为了使领围的弧线更顺畅自然，在领子的缝份上剪出牙口。

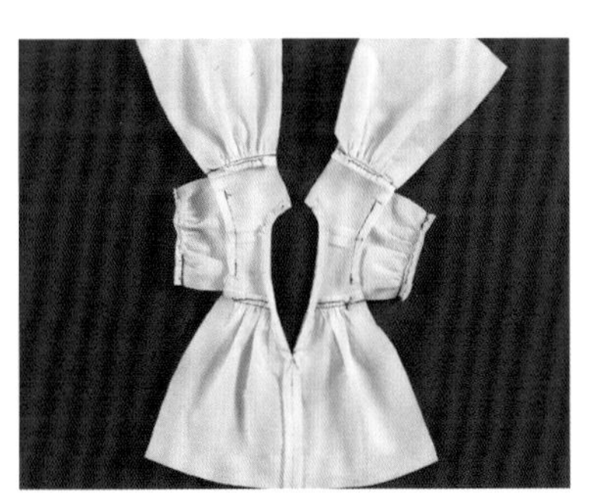

46 将领子的缝份倒向背面，使用熨斗熨烫。

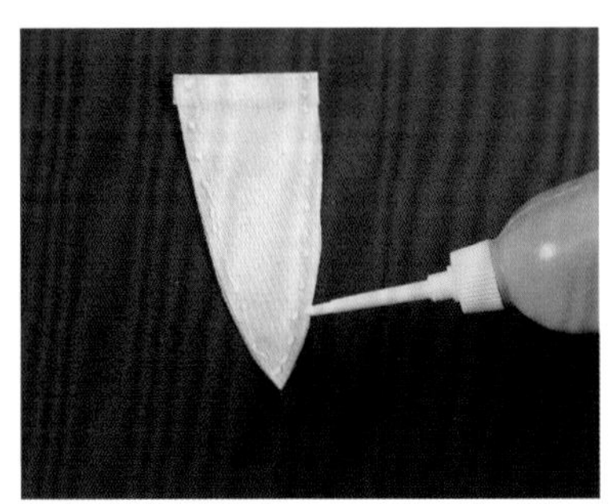

47 在抹胸两侧的弧线部分，点状涂上布用胶。

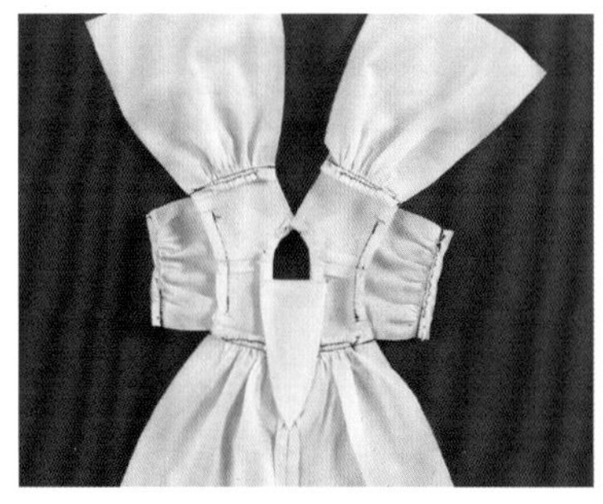

48 将抹胸部分粘贴在熨烫平整的缝份上。

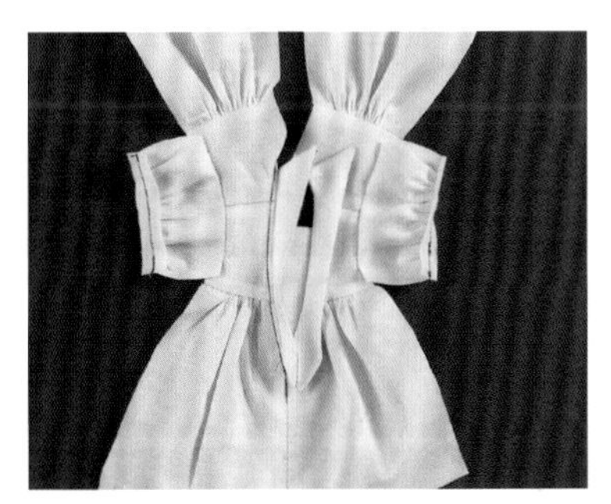

49 避开领子，从正面沿领围边缘压缝一周。

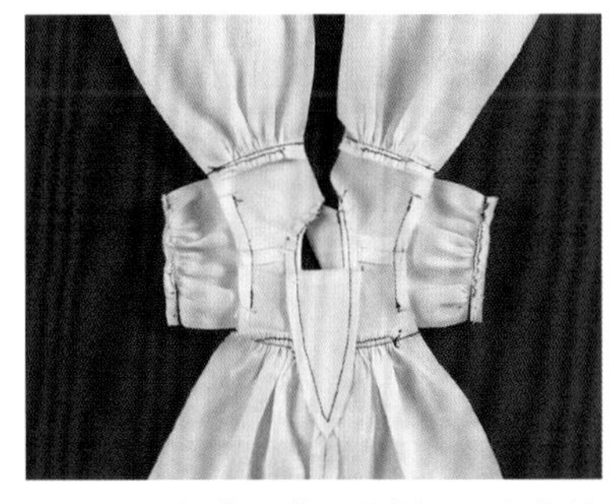

50 这是完成后背面的样子，注意抹胸的中心不要偏移。

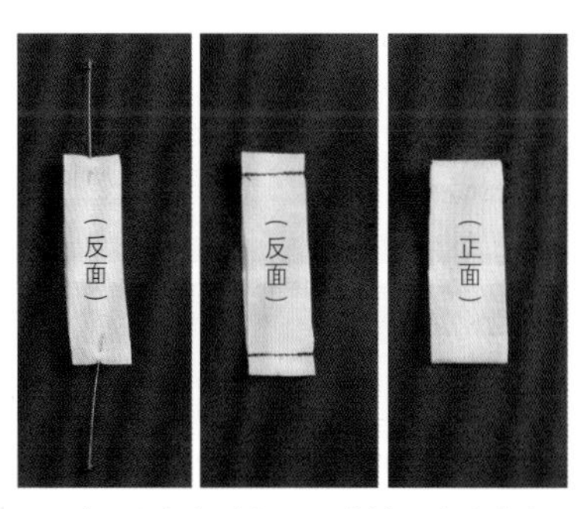

51 把后贴边对折，用珠针固定（左），缝合两端（中）。从开口翻回正面（右）。

52 将后贴边与背后开口的一侧对齐。

53 缝合后贴边，做好开口止缝点的记号。

54 沿着完成线折叠背后开口的缝份，折至开口止缝点的下方，使用熨斗熨烫。

55 压缝背后开口部分。

56 衣身正面相对对齐袖底，用珠针固定。

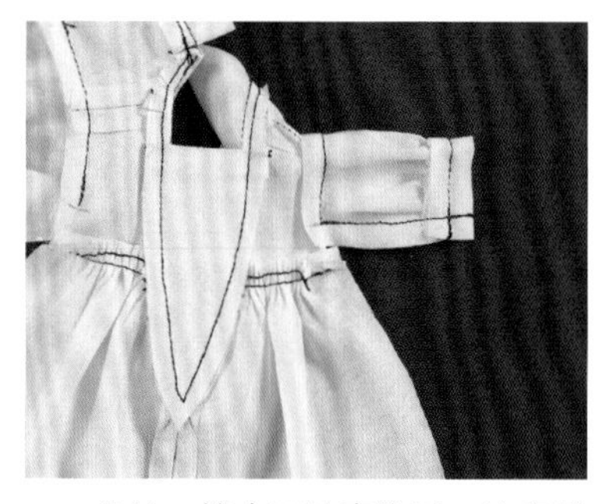

57 从袖口缝合至袖窿位置，注意避开衣身的缝份。

58 以同样的方法缝合另一侧的袖底。

59 把衣身侧边正面相对对齐，用珠针固定。

60 从下摆缝合侧边至袖窿位置。

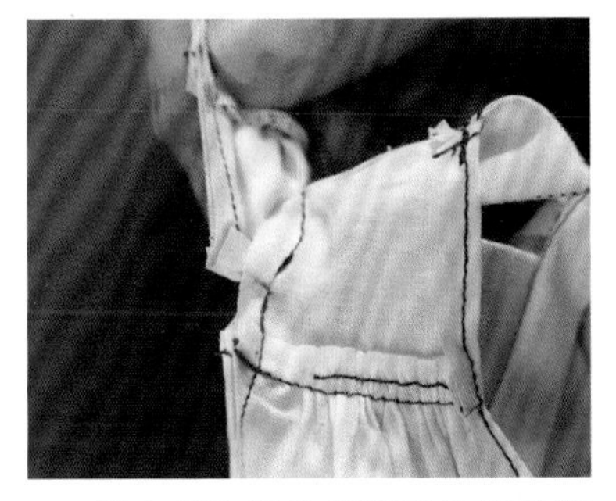

61 缝合侧边时注意避开袖底的缝份。

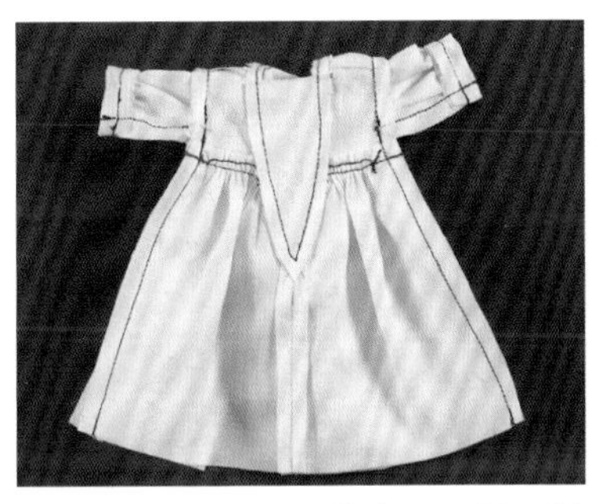

62 以同样的方法，缝合另一侧的侧边。

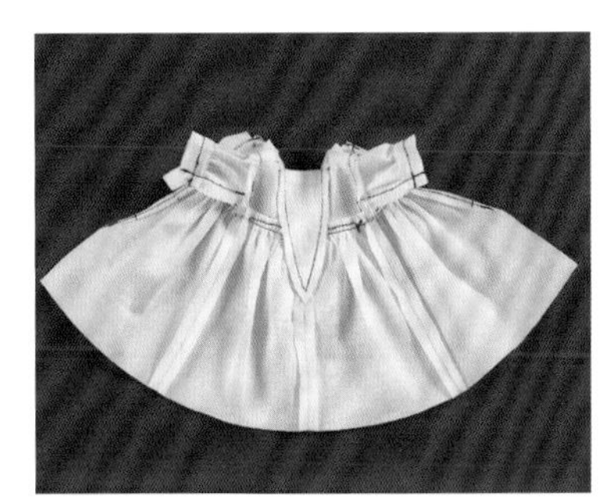

63 使用熨斗熨开侧边的缝份。

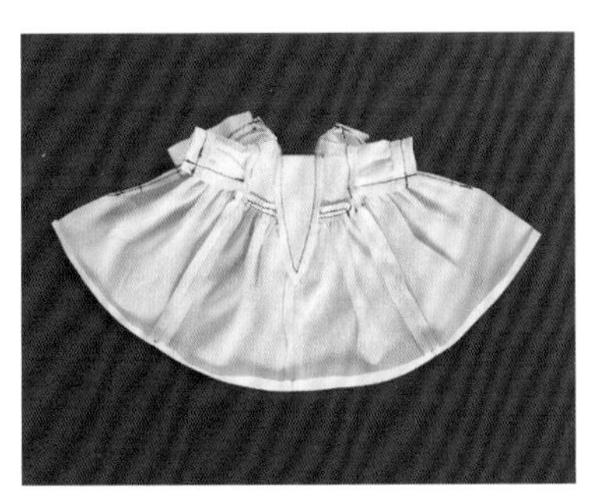

64 折叠下摆，使用熨斗熨烫。

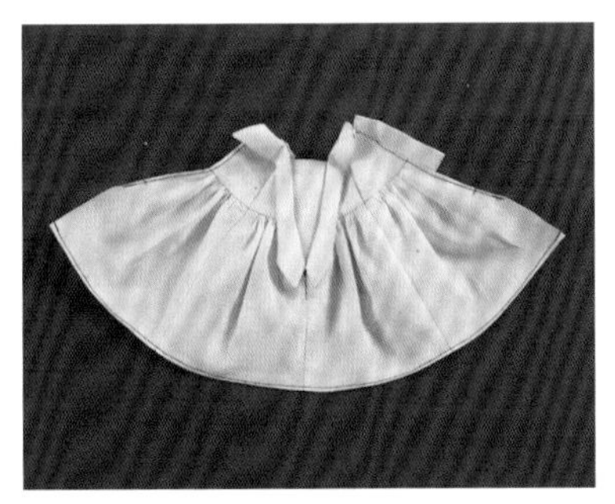

65 从正面压缝下摆一周。

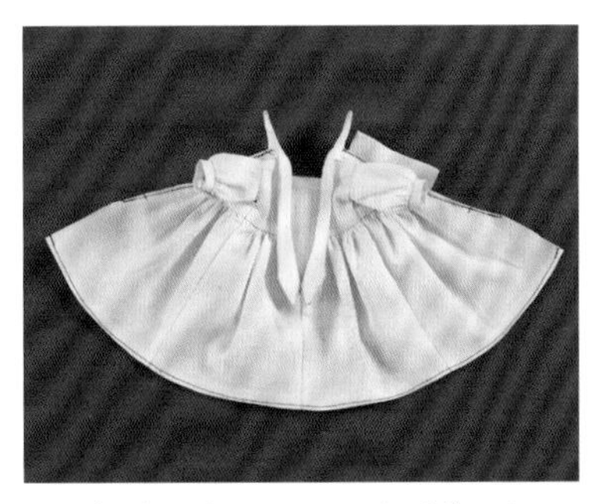

66 将袖子翻回正面。这时使用返里钳会比较方便。

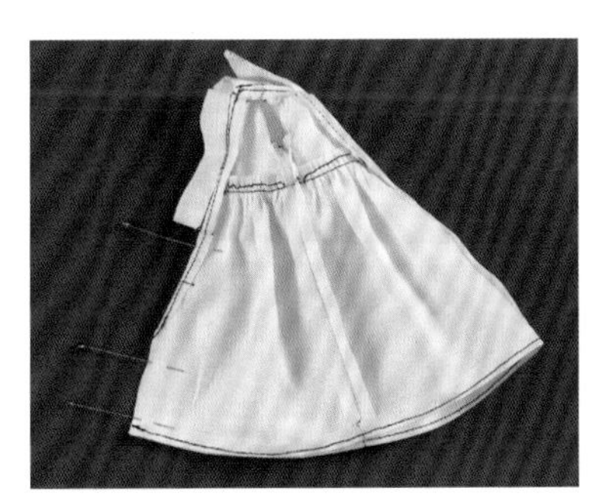

67 正面相对对齐后侧中心，用珠针固定。

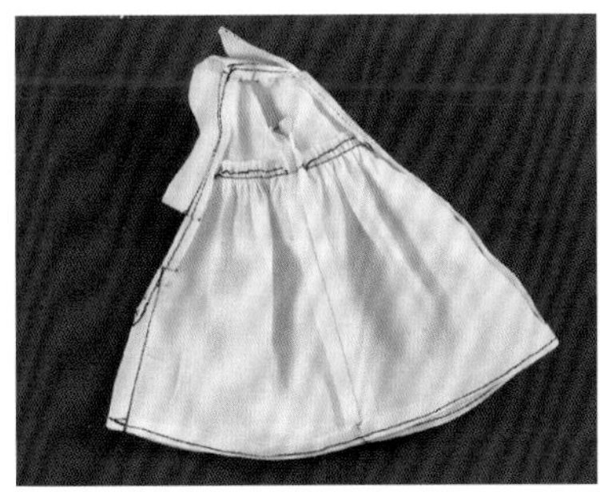

68 缝合至后侧中心的开口止缝点。

69 使用熨斗熨开后侧中心的缝份。

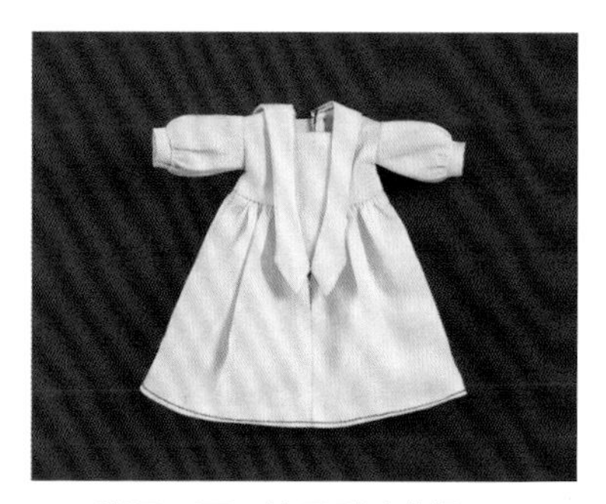

70 翻回正面，使用熨斗整烫。

71 背后完成的样子。

72 重叠背后开口，在外侧的一片上钉缝线环。线环的制作方法参照p.23。

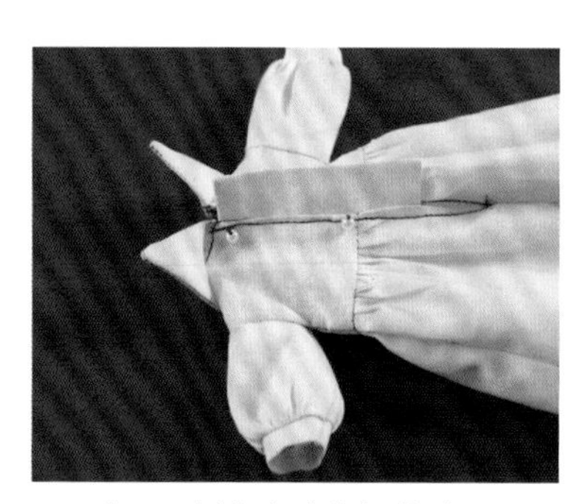

73 在另一侧衣身边缘钉缝珠子。

74 扣好珠子，完成落肩袖连衣裙。

arrange

落肩袖连衣裙的穿搭方法

缝合落肩袖连衣裙袖子的时候，关键在于直接沿直线进行缝制。
即便是新手也很容易学会。
从最大尺寸到最小尺寸的娃娃，制作的方法都是相同的。布料可以选择棉麻布或平纹棉布。
背后开口所使用的珠子，推荐用 3mm 的珍珠。

完成

刺绣

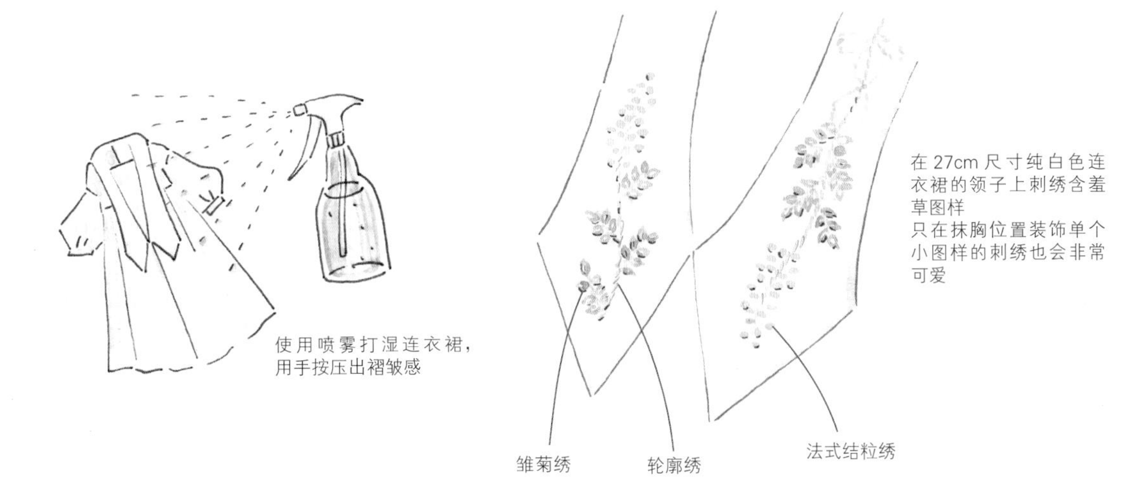

Lesson 2 蝴蝶结背带裙

蝴蝶结背带裙

20cm尺寸实物大纸型

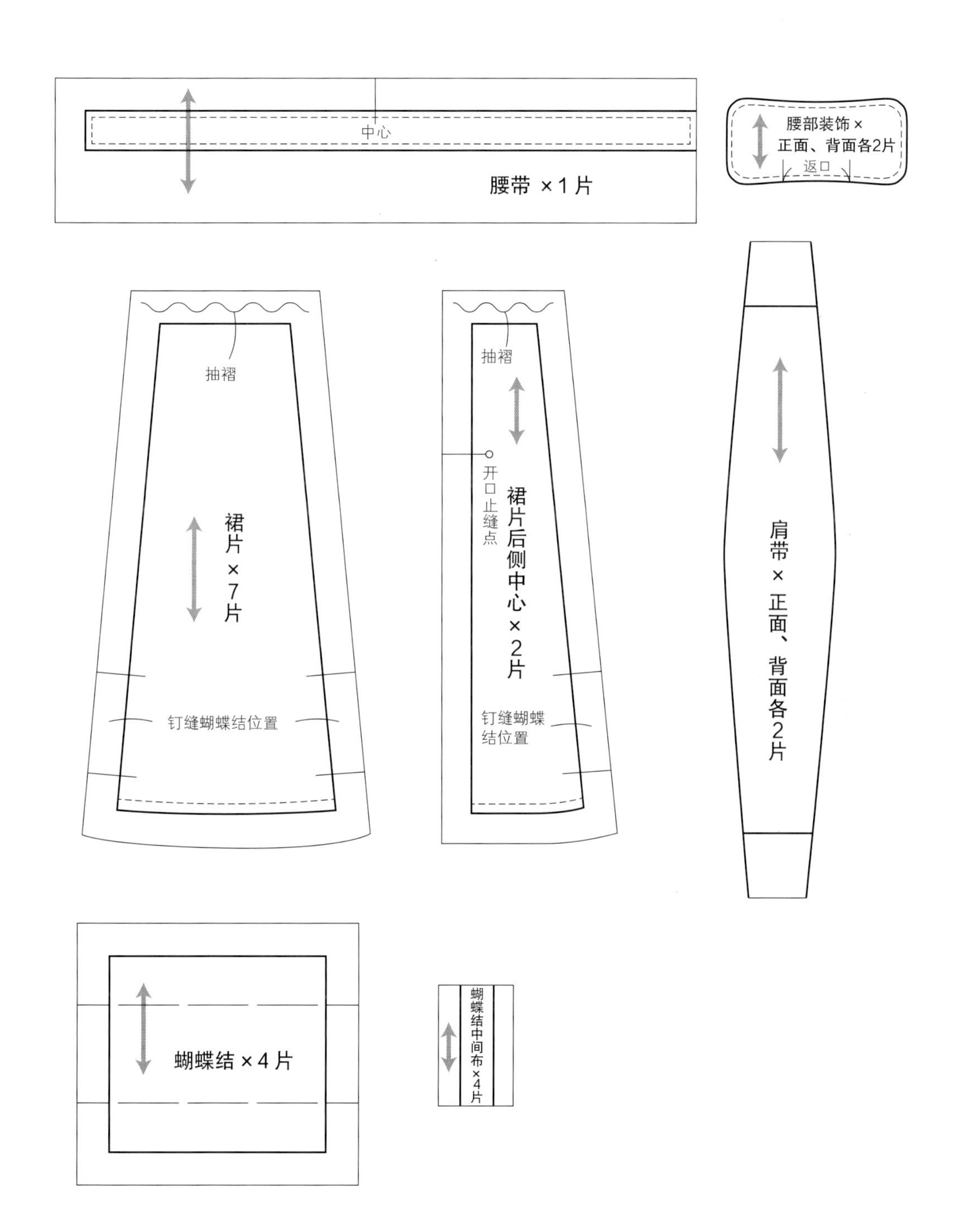

蝴蝶结背带裙

所需材料 ※以ruruko为模特。

布料・・・25cm×35cm

腰部装饰、肩带用布料・・・11cm×8cm

腰部装饰用珠子・・・8颗

背后开口用钩扣（仅钩部分）・・・1个

蝴蝶结背带裙

各尺寸的适用范围

制作步骤页面使用的是以ruruko为模特的20cm尺寸。
纸型共登载了11cm、20cm、27cm、48cm四种尺寸。

11cm尺寸

这里的11cm尺寸是以OBITSU 11cm素体为模特。
适用本书11cm尺寸的娃娃有OBITSU 11cm素体、黏土人（女孩、男孩）、PiccoNeemo S素体。
PiccoNeemo S素体的身形较高，所以背带裙成了迷你款。

20cm尺寸

这里的20cm尺寸是以ruruko（PureNeemo XS素体）为模特。
适用本书20cm尺寸的娃娃有ruruko、PureNeemo XS素体、兔子娃娃、丽佳、Blythe（小布）、PureNeemo S素体、PureNeemo男孩S素体。
丽佳、Blythe（小布）、PureNeemo S素体通常适用22cm的尺寸，其中除PureNeemo S素体外，腰部会偏紧。如果需要宽松一点，可以使用27cm尺寸的纸型，将肩带的长度缩短1.2cm。兔子娃娃身形较矮，背带裙整体显得较大。

27cm尺寸

这里的27cm尺寸是以momoko为模特。
适用本书27cm尺寸的娃娃有momoko、六分男子图鉴（Eight&Nine）、U-Noa Quluts Light荒木（Flourite&Azurite）、珍妮、FR Nippon Misaki。六分男子图鉴（Eight）腰部偏紧。六分男子图鉴（Nine）不能穿着这一款背带裙。
FR Nippon Misaki娃娃身形较高，背带裙显得较短。

48cm尺寸

这里的48cm尺寸是以Alice Time of Grace Ⅲ（OBITSU 48cm素体S胸）为模特。
适用本书48cm尺寸的娃娃有U-Noa Quluts荒木女孩、Blue Fairy女孩（Tiny Fairy）、OBITSU 48cm素体（S、M胸）、OBITSU 50cm素体（S、M胸）、OBITSU 55cm素体、LUTS女孩（Kid Delf、Senior Delf）。
U-Noa Quluts荒木女孩需要将肩带缩短8mm。OBITSU 50cm素体，背带裙显得较短。LUTS女孩（Kid Delf），背带裙显得较长。Blue Fairy女孩（Tiny Fairy）、OBITSU 55cm素体、LUTS女孩（Senior Delf）不能穿着这一款背带裙。

※娃娃的分类、各尺寸的适用范围均出自日本株式会社图像出版社的调查。请勿向生产厂商咨询。

蝴蝶结背带裙的制作方法

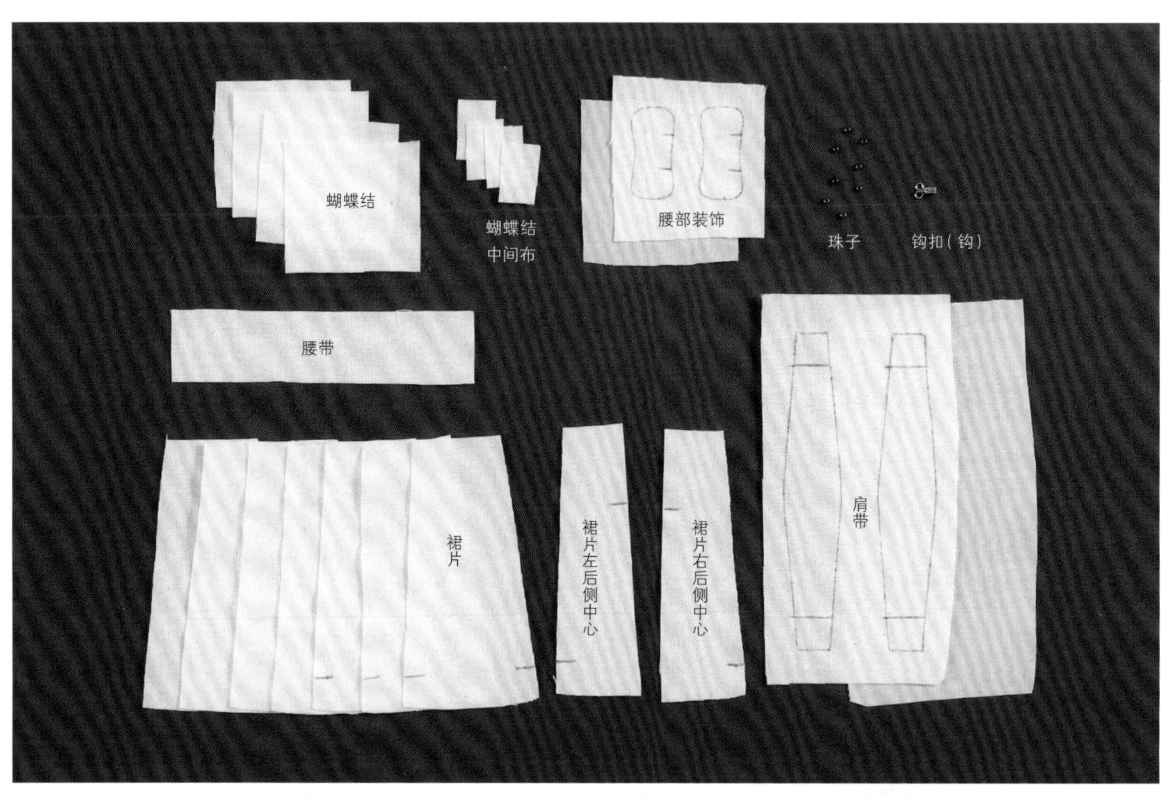

1 裁剪布料，涂上锁边液。做好需要的记号点。肩带和腰部装饰需要缝合后再裁剪，先画好缝合线。
*纸型中的裙片后侧中心，面料是按照左、右对称的方式裁剪出2片。

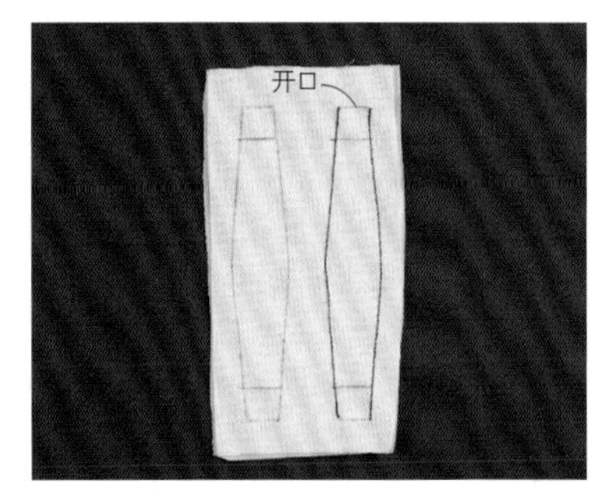

2 将肩带布料正面相对对齐，缝合左、右两侧(右)。

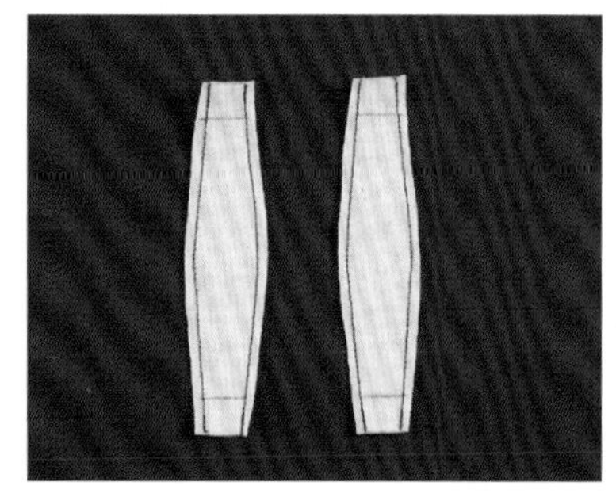

3 以同样的方法缝合另一个肩带，留出2~3mm缝份后裁剪。开口处已含有缝份，沿记号线裁剪即可。

4 从开口翻回正面，使用熨斗整烫。

5 将腰部装饰布料正面相对对齐，缝合除返口外的其他部分（右）。

6 以同样的方法缝合另一个腰部装饰，留出2mm左右的缝份后裁剪。

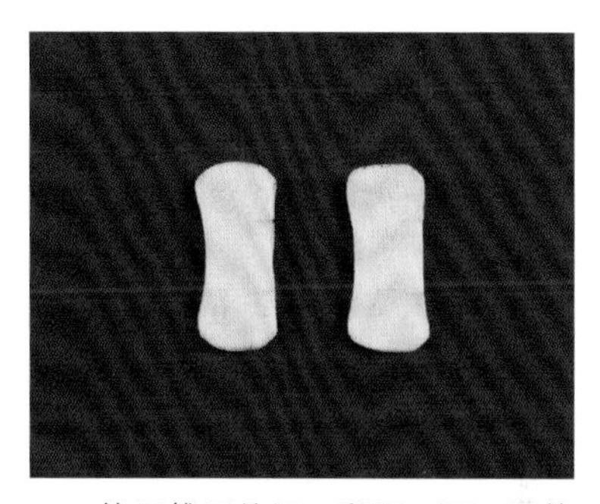

7 使用锥子从返口翻回正面，再使用熨斗整烫。

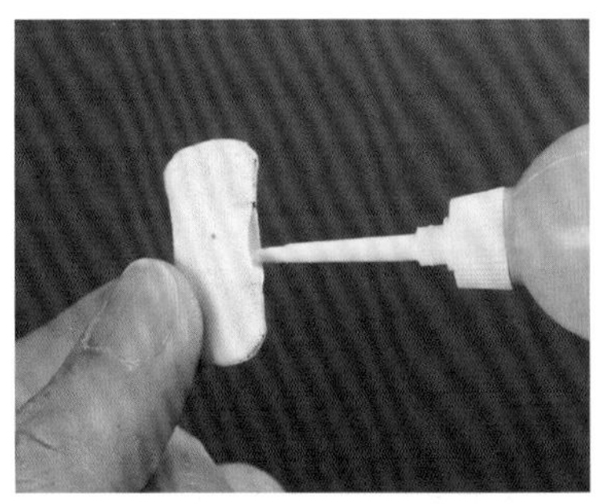

8 在返口涂上布用胶，粘贴返口。

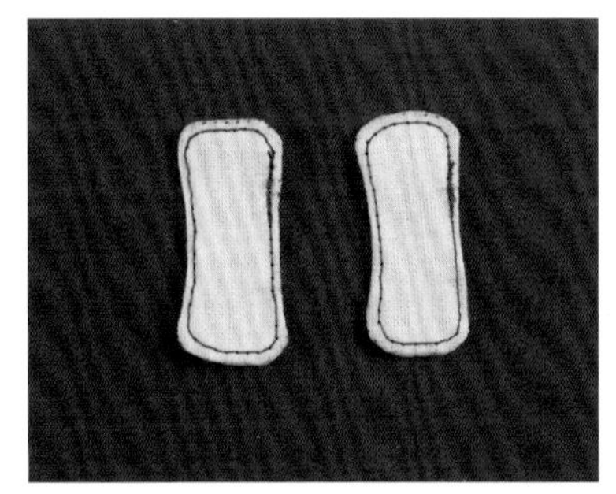

9 沿腰部装饰边缘压缝一周。

10 对折蝴蝶结用布料，沿完成线缝合。

11 使用熨斗熨开缝份。

12 翻回正面做成布条备用。

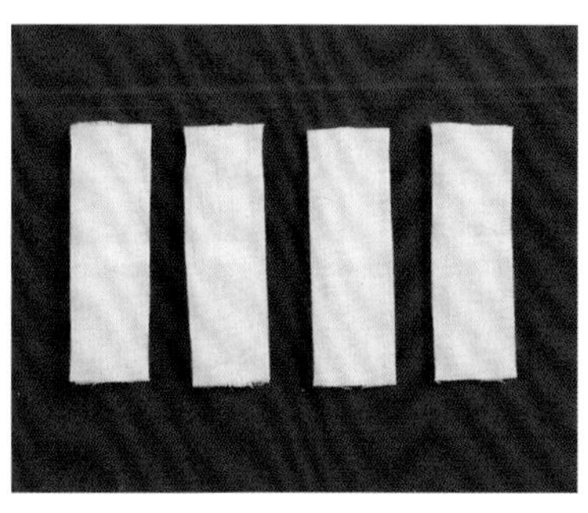

13 以同样的方法准备4个布条。

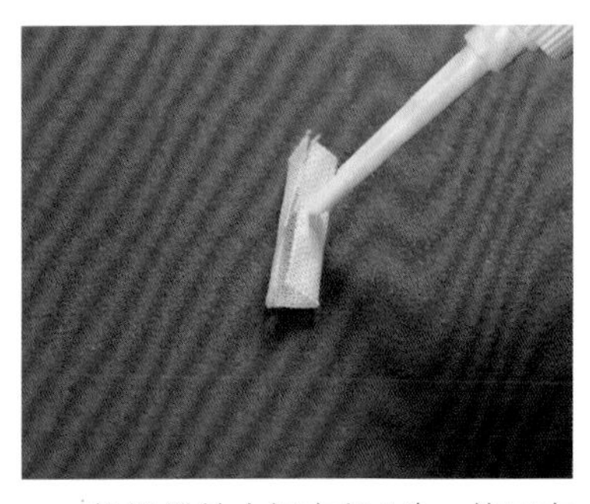

14 将蝴蝶结中间布折2次，使用布用胶粘贴固定。

15 以同样的方法准备好4个蝴蝶结中间布。

16 取1个布条，用平针缝缝制布条的中心部分，抽褶。先不要剪断缝线。

17 抽紧缝线，在布条的中心位置绕3圈，钉缝固定。

18 将蝴蝶结中间布绕在布条上，并遮盖住线迹。

19 在布条的背面钉缝固定蝴蝶结中间布。完成1个蝴蝶结。

20 以同样的方法完成4个蝴蝶结。将其中的一个蝴蝶结的一侧缝份折向背面。

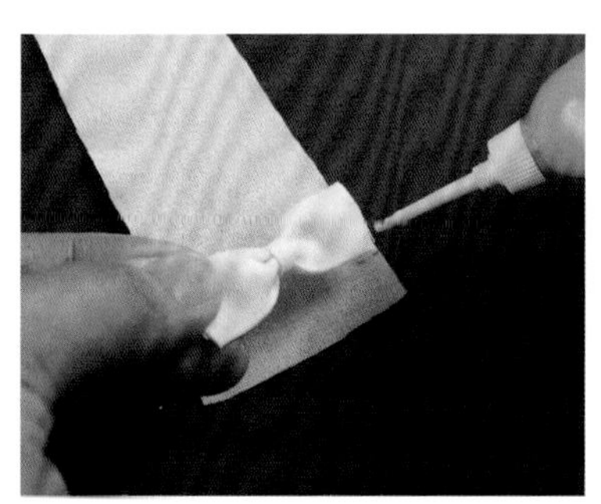

21 在裙片钉缝蝴蝶结位置的两端涂上布用胶，粘贴蝴蝶结。

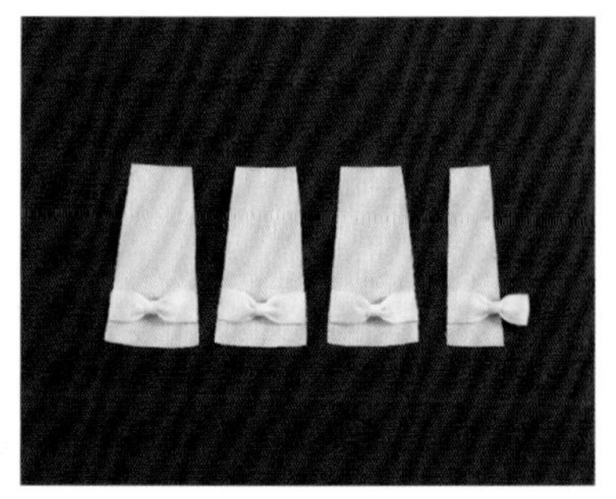

22 以同样的方法完成3片带蝴蝶结的裙片。其中一片裙片后侧中心处的蝴蝶结仅粘贴一端，超出裙片的另一侧，缝份保持在步骤**20**折叠好的状态。

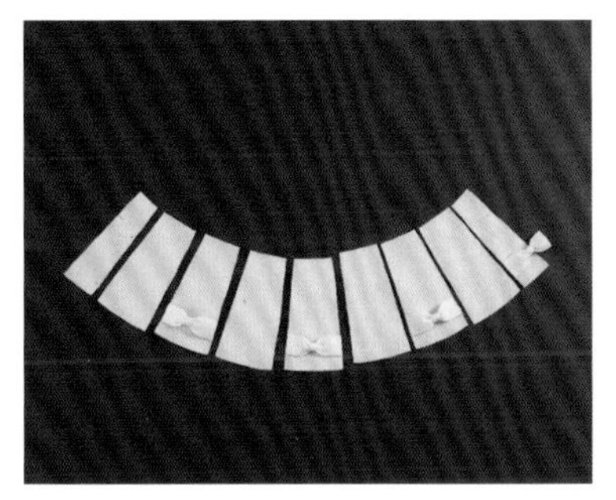

23 将7片裙片和2片裙片后侧中心按照图片的顺序摆放好。

24 准备带蝴蝶结的裙片和不带蝴蝶结的裙片各1片。

25 将2片裙片正面相对对齐，在右侧缝合。

26 将带蝴蝶结的裙片的左侧和另一片不带蝴蝶结的裙片缝合。

27 缝合完成，打开缝份、展开裙片。

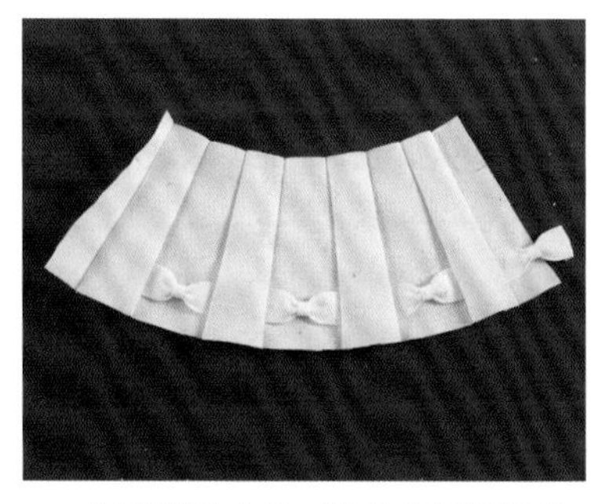

28 以同样的方法，缝合全部的裙片。

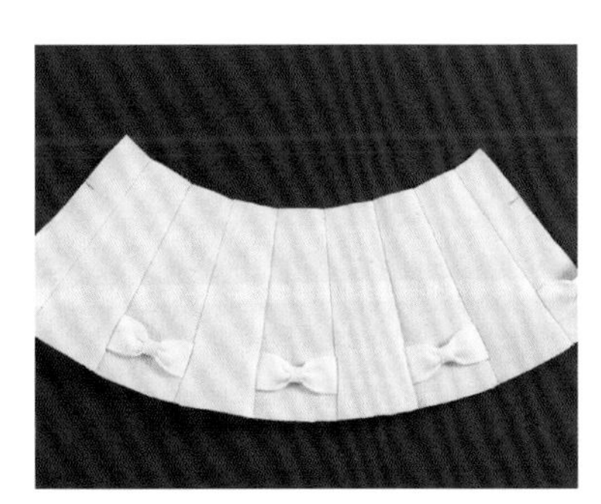

29 使用熨斗整烫，注意不要压坏蝴蝶结的形状。缝份向两边打开。

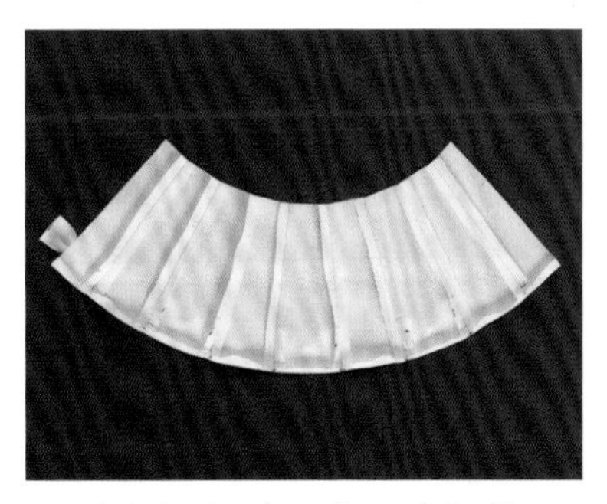

30 折叠裙片下摆，使用熨斗熨烫。

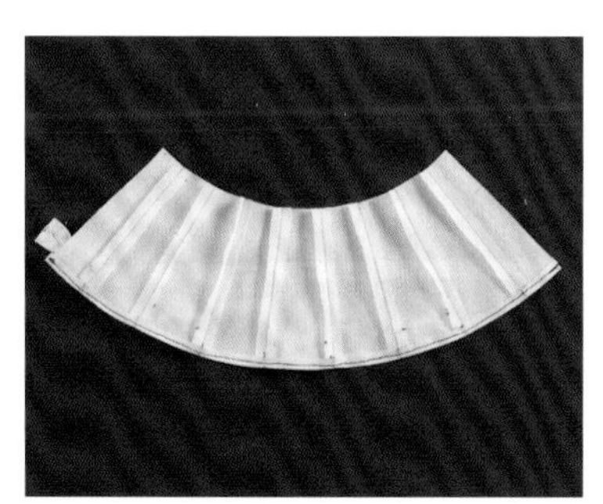

31 压缝裙片下摆。

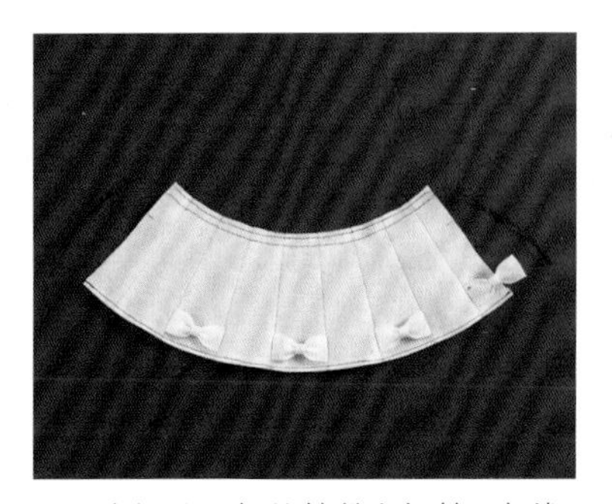

32 在裙片腰部的缝份上机缝2条线，用于抽褶，将一侧的上线、下线打结（参照p.31步骤12~14）。

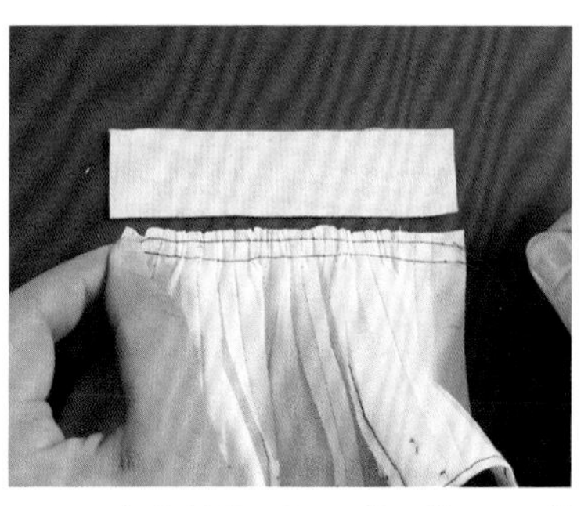

33 一点点拉紧2股下线，缩至腰带长度，抽出细褶。

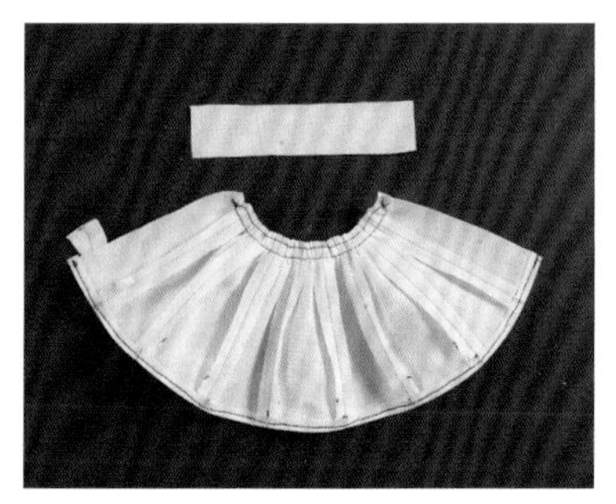

34 将拉紧的线打结，使用熨斗熨烫，固定抽褶。

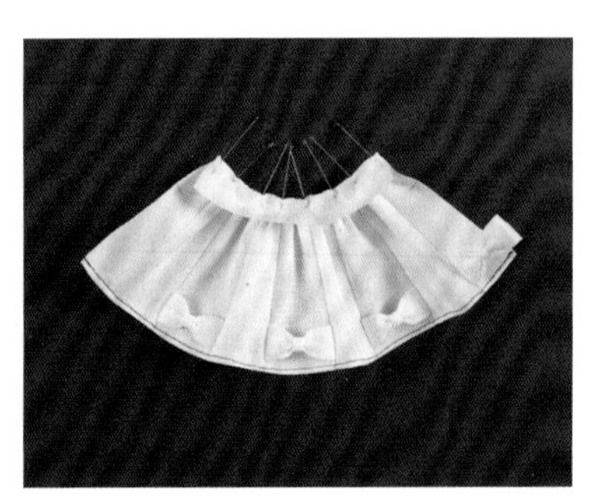

35 将裙片腰部和腰带正面相对对齐，用珠针固定。

36 从裙片一侧进行缝合。

37 腰带缝制完成。

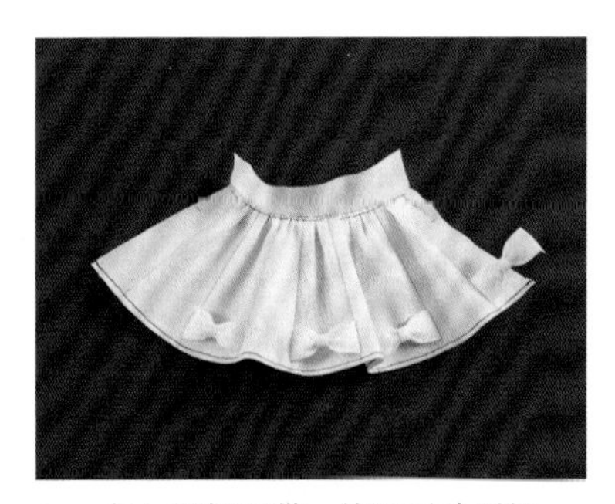

38 向上翻起腰带，使用熨斗熨烫。

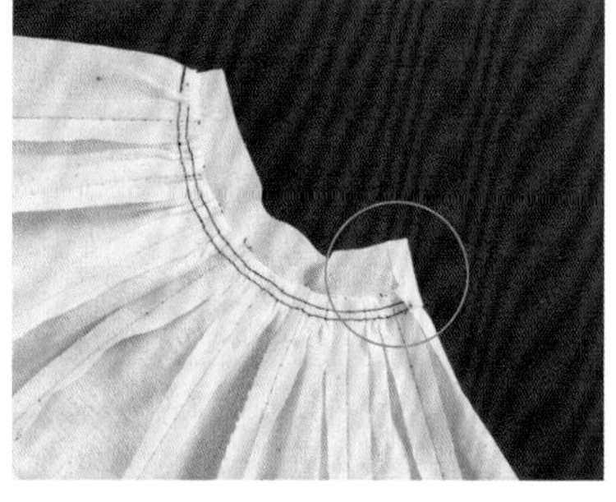

39 折叠腰带背后开口部分的一侧。在背后重叠开口时，这一侧作为外侧。

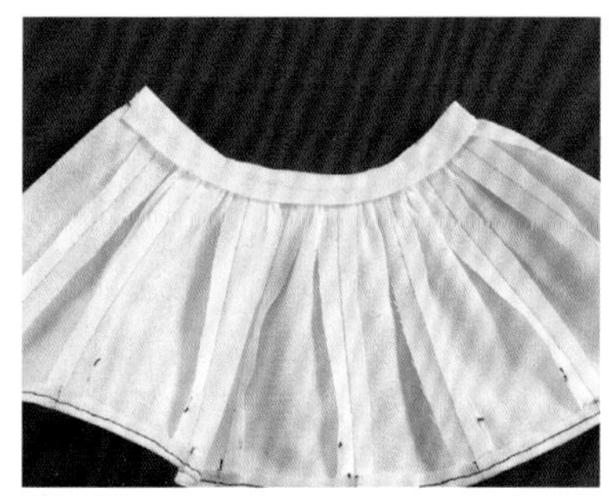

40 折叠腰带，包住背面缝份，使用熨斗熨烫。

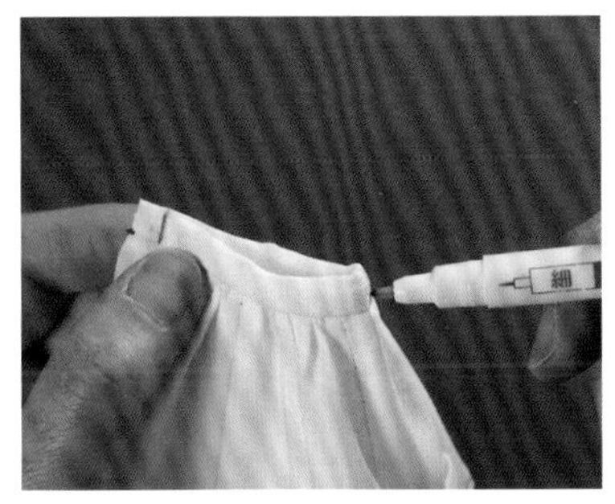

41 在腰带正面标记前侧和后侧的中心点。距腰带未折叠的一侧5mm（48cm尺寸为7mm）处为后侧中心点。后侧中心点与已折叠的一端对齐后的对折处，即为前侧中心点。

42 标记完成前侧中心点和后侧中心点。

43 使用布用胶，在前侧中心点两边粘贴固定两根肩带的前端。

44 参考图示，肩带的后端分别对齐背后开口外侧一片的腰带边缘和背后开口内侧一片的后侧中心点。

45 固定好肩带，从背面看到的样子。

46 在腰带正面沿边缘压缝一周，使用熨斗熨烫。

47 将腰部装饰放置在腰带上肩带两端之间的位置。

48 做好腰部装饰上钉缝珠子的记号点。

49 在腰部装饰上钉缝珠子。

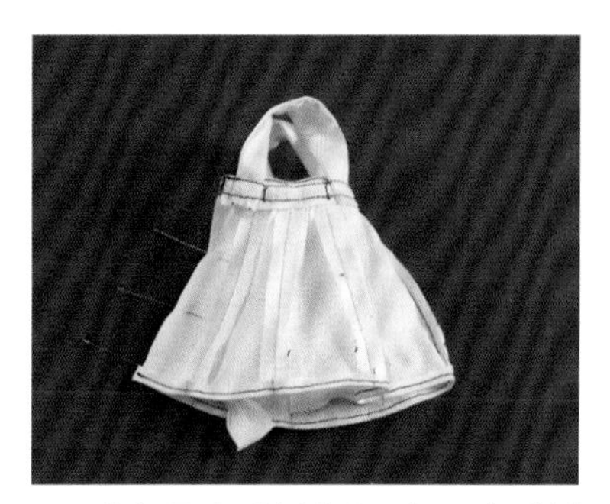

50 将裙子左后侧中心、裙子右后侧中心正面相对对齐，用珠针固定。

51 注意避开之前未缝合的蝴蝶结。

52 缝合至开口止缝点。使用熨斗熨开缝份。

53 将裙子翻回正面。

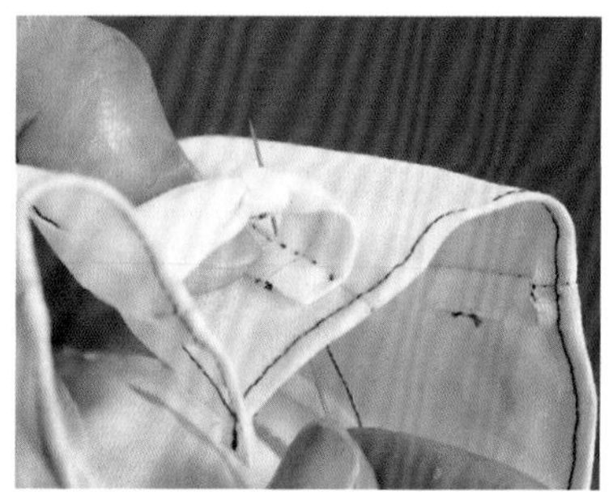

54 把之前未缝合的蝴蝶结一侧缝在裙子上，注意不要在正面露出针脚。

55 背后的蝴蝶结钉缝完成。

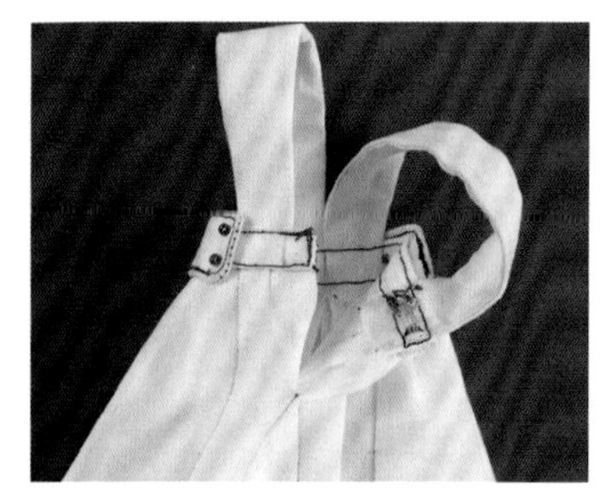

56 在背后开口的外侧一片钉缝钩扣的钩部分。钉缝钩扣的方法参照p.23。

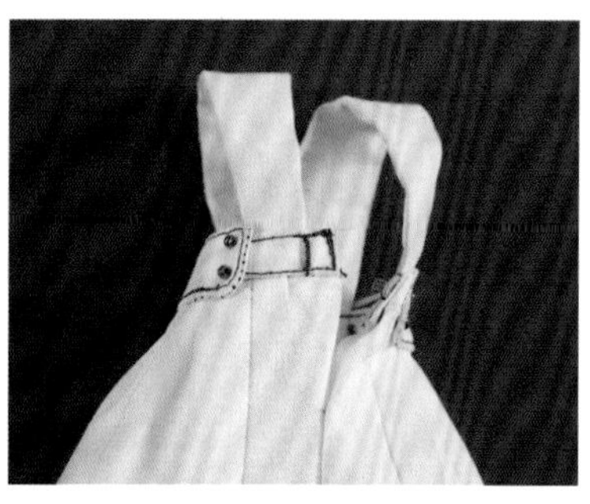

57 在另一侧钉缝线环，线环的制作方法参照p.23。完成蝴蝶结背带裙。

arrange 蝴蝶结背带裙的穿搭方法

可以组合各种不同图案的布料制作蝴蝶结背带裙。

推荐使用略有弹力的全棉布料。

选择薄款的棉布，能带来满满的夏日风情。

如果是三分娃娃（例如 48cm、55cm），选择羊毛布料或是天鹅绒布料也相当合适。

背后开口

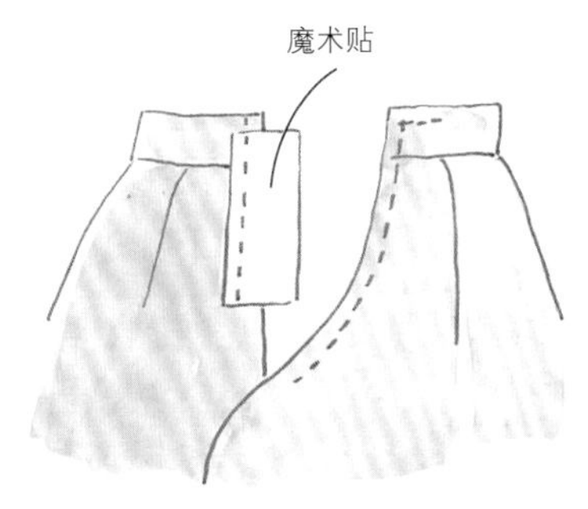

这里介绍了在背后开口处钉缝钩扣的方法。也推荐使用魔术贴（参照长裤的制作方法），特别是 11cm 尺寸，使用魔术贴可以避免衣服太厚

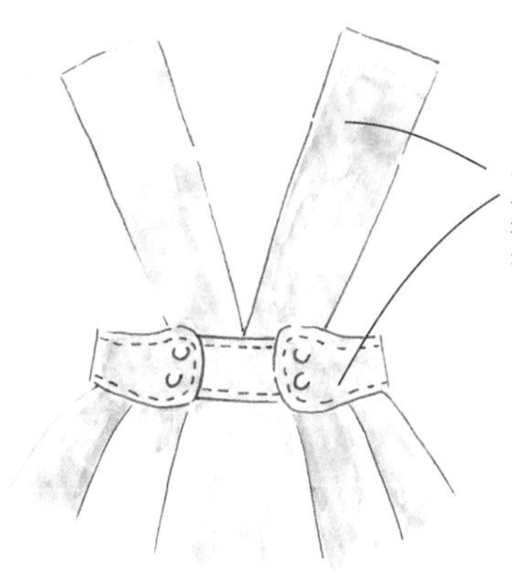

Lesson 3 荷叶边衬衣

荷叶边衬衣

20cm 尺寸实物大纸型

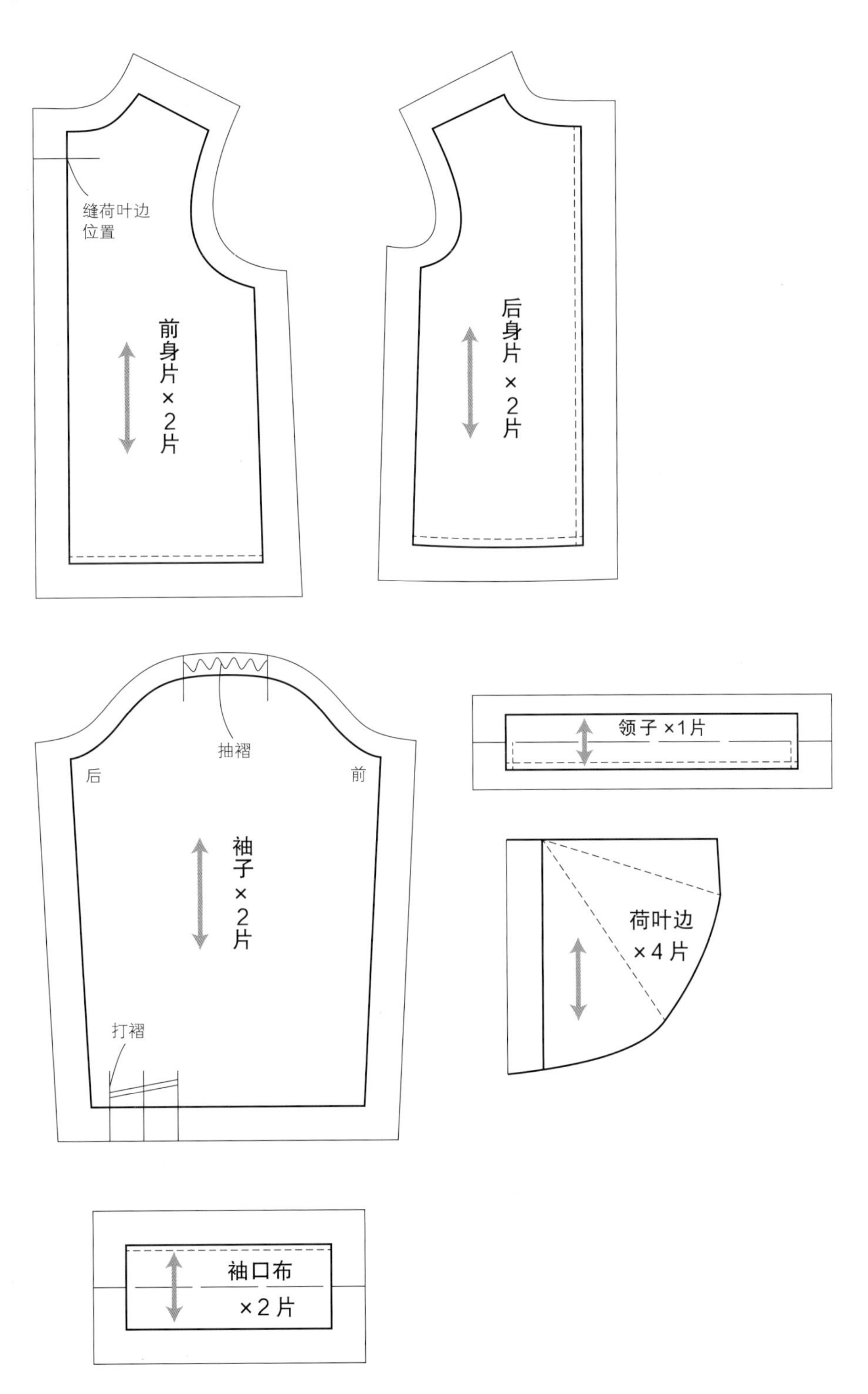

荷叶边衬衣

所需材料 ※以ruruko为模特。

布料・・・20cm×24cm

装饰用珠子・・・依喜好准备

背后开口用魔术贴・・・适量

荷叶边衬衣

各尺寸的适用范围

制作步骤页面使用的是以ruruko为模特的20cm尺寸。
纸型共登载了11cm、20cm、27cm、28cm、48cm、55cm六种尺寸。

11cm尺寸

这里的11cm尺寸是以OBITSU 11cm素体为模特。
适用本书11cm尺寸的娃娃有OBITSU 11cm素体、黏土人（女孩、男孩）、PiccoNeemo S素体。
黏土人娃娃袖子稍微偏长。PiccoNeemo S素体袖子稍微偏短。

20cm尺寸

这里的20cm尺寸是以ruruko（PureNeemo XS素体）为模特。
适用本书20cm尺寸的娃娃有ruruko、PureNeemo XS素体、兔子娃娃、丽佳、Blythe（小布）、PureNeemo S素体、PureNeemo男孩S素体。
丽佳、Blythe（小布）、PureNeemo S素体通常适用22cm的尺寸，衬衣会稍稍偏紧。如果需要宽松一点，可以使用27cm尺寸的纸型，将袖子缩短2.5cm。兔子娃娃无法穿过袖口，不能穿着这一款衬衣。

27、28cm尺寸

这里的27cm尺寸是以momoko为模特，28cm是以六分男子图鉴（Eight）为模特。
适用本书27、28cm尺寸的娃娃有momoko、六分男子图鉴（Eight&Nine）、U-Noa Quluts Light荒木（Flourite&Azurite）、珍妮、FR Nippon Misaki。
momoko、U-Noa Quluts Light 荒木（Flourite &Azurite）正好适用27cm尺寸的衬衣，珍妮袖子稍微偏长。六分男子图鉴（Nine）适用28cm尺寸，但肩部略紧。对于其他适用的娃娃，衬衣稍微偏大，袖子略长。FR Nippon Misaki两种尺寸的衬衣都可以穿着，但是穿脱时需要先把手部取下。

48、55cm尺寸

这里的48cm尺寸是以Alice Time of Grace Ⅲ（OBITSU 48cm素体S胸）为模特，55cm尺寸是以OBITSU 55cm素体为模特。
适用本书48、55cm尺寸的娃娃有U-Noa Quluts荒木女孩、Blue Fairy女孩（Tiny Fairy）、OBITSU 48cm素体（S、M胸）、OBITSU 50cm素体（S、M胸）、OBITSU 55cm素体、LUTS女孩（Kid Delf、Senior Delf）。
OBITSU 48cm素体和50cm素体正好适用48cm尺寸的衬衣。55cm尺寸的衬衣对于OBITSU 48cm素体和50cm素体稍微偏大，对于LUTS女孩（Senior Delf）胸部略紧。其他娃娃不能穿着这款衬衣。

※娃娃的分类、各尺寸的适用范围均出自日本株式会社图像出版社的调查。请勿向生产厂商咨询。

荷叶边衬衣的制作方法

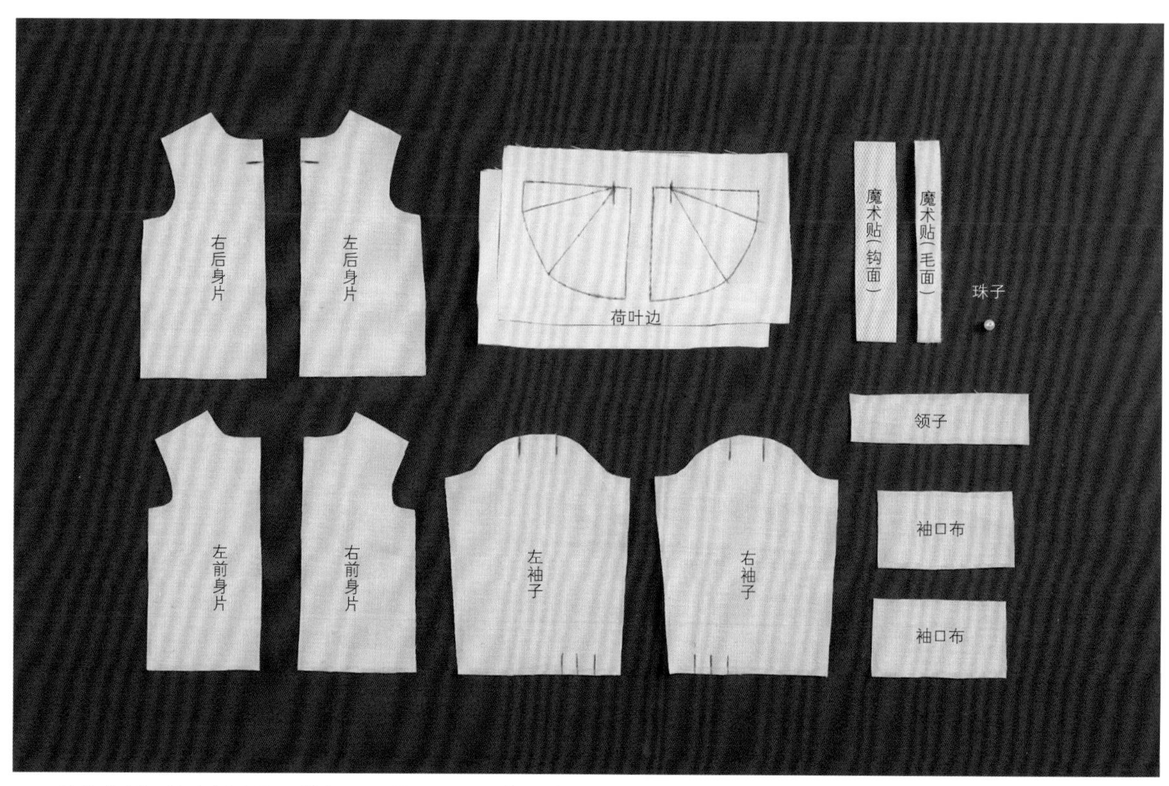

1 裁剪布料，涂上锁边液。做好需要的记号点。荷叶边需要缝合后再裁剪，先画好缝线。
*纸型中的前身片、后身片、袖子，面料都是按照左、右对称的方式裁剪出2片。

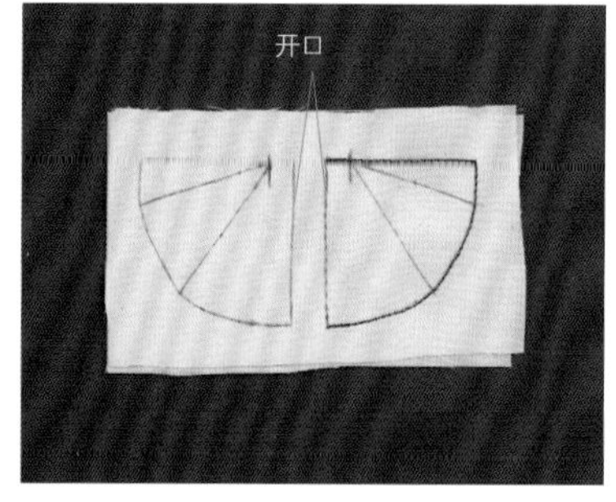

2 将荷叶边正面相对对齐，除开口部分外，缝合其余两边(右)。

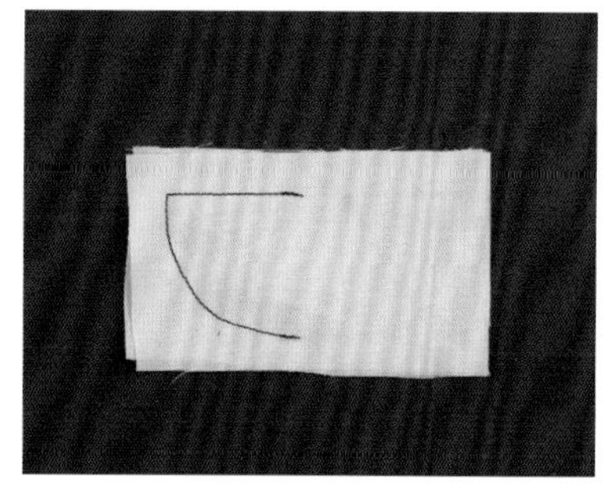

3 缝合后从背面看到的样子。

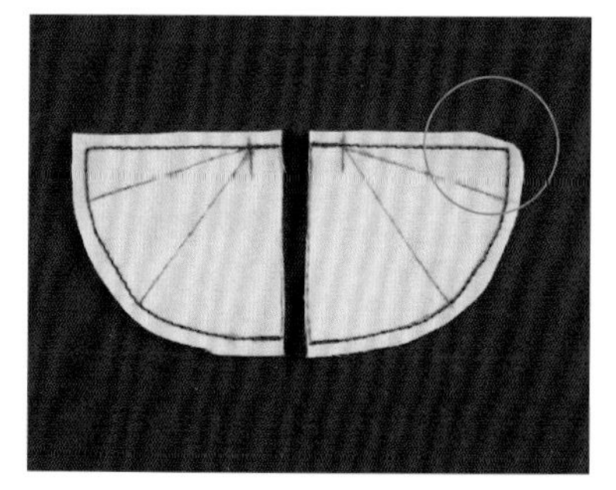

4 用同样的方法缝合另一片荷叶边。留出2~3mm的缝份后裁剪，剪去尖角。开口处已含有缝份，沿记号线裁剪即可。

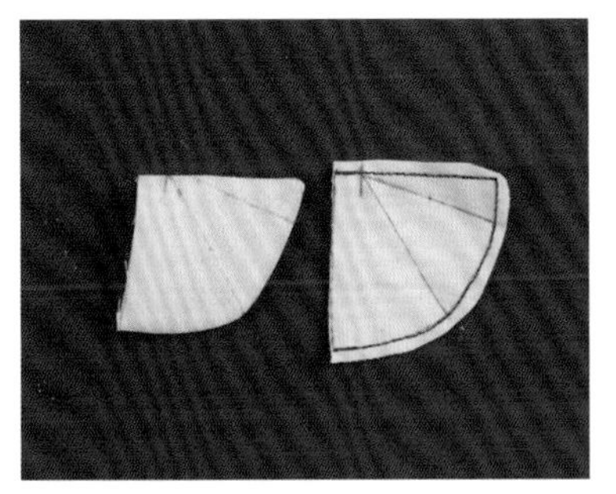

5 从开口将荷叶边翻回正面，使用锥子整理形状，用熨斗熨烫平整（右）。

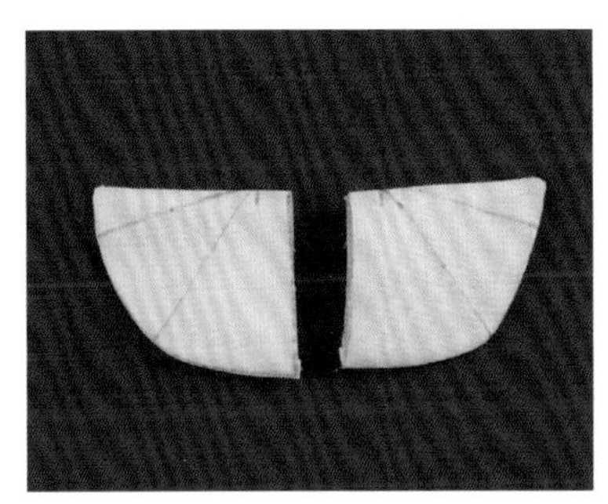

6 将2片荷叶边都翻回正面，如果看不清之前的缝线记号，需要再一次画好记号线。

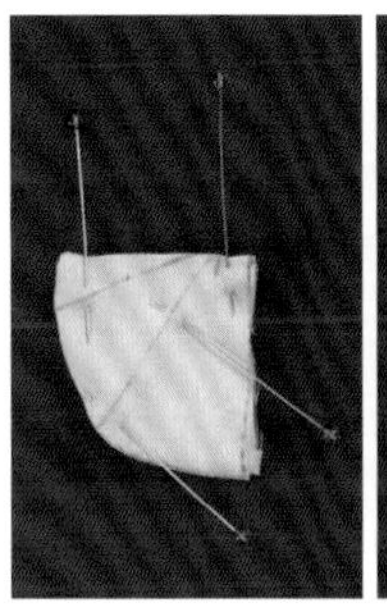

7 对齐2片荷叶边，用珠针固定（左），沿记号线缝合（右）。

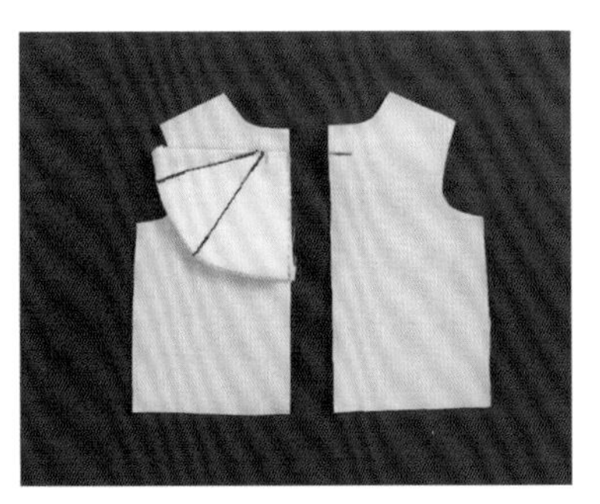

8 将荷叶边对齐左前身片上缝制荷叶边的位置，使用布用胶临时固定。

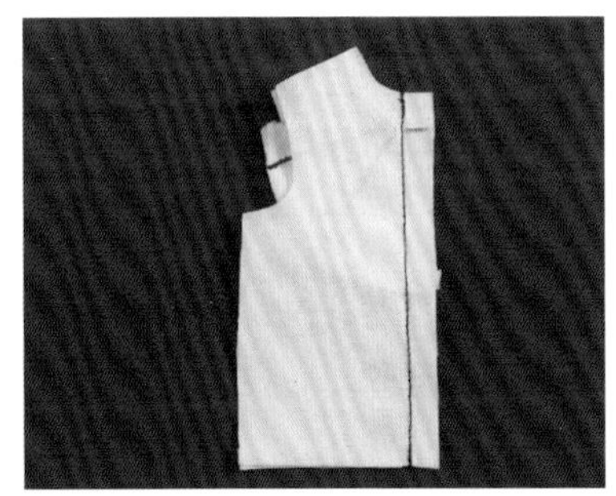

9 左、右前身片夹住荷叶边，正面相对对齐，缝合前侧中心。

10 使用熨斗熨开前侧中心缝份。

11 打开缝合完成的荷叶边。

12 使用熨斗整烫。完成前身片。

13 参考图示，将完成的前身片和左后身片、右后身片正面相对对齐，缝合肩部。

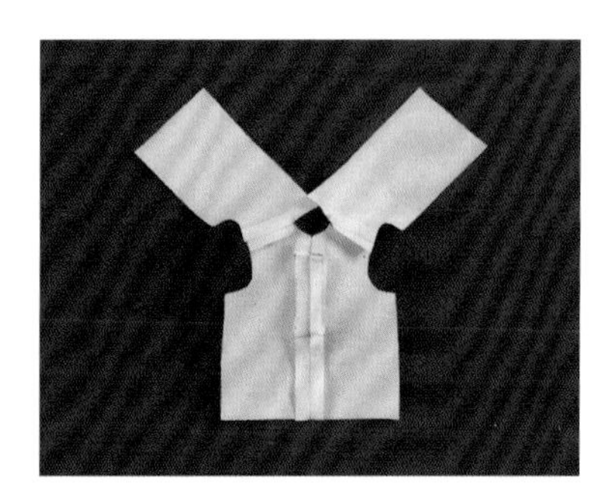

14 使用熨斗熨开肩部缝份。

15 将领子对折，使用熨斗熨烫。

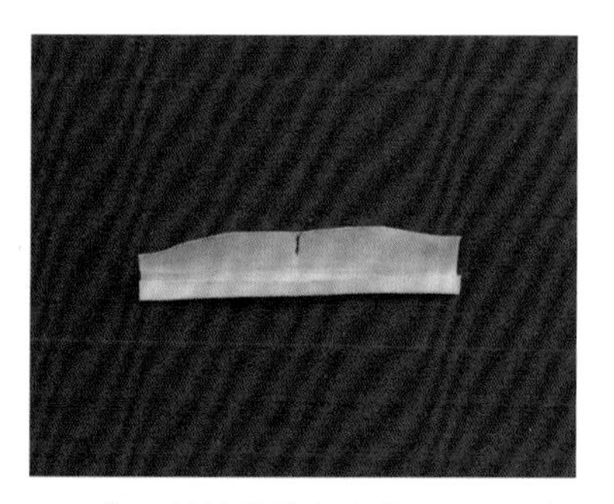

16 将一侧的缝份折向中心，另一侧缝份做好中心记号点。

17 把领围的前侧中心点和领子的中心点对齐，用珠针固定。

18 把背后开口的两端和领子的两端对齐，对齐领围，用珠针固定。

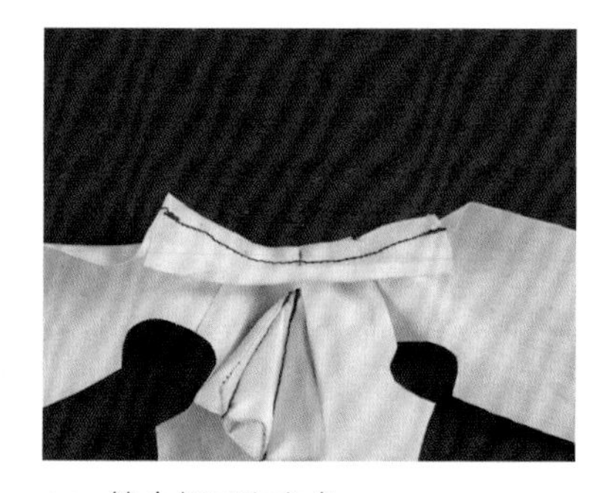

19 缝合领子和衣身。

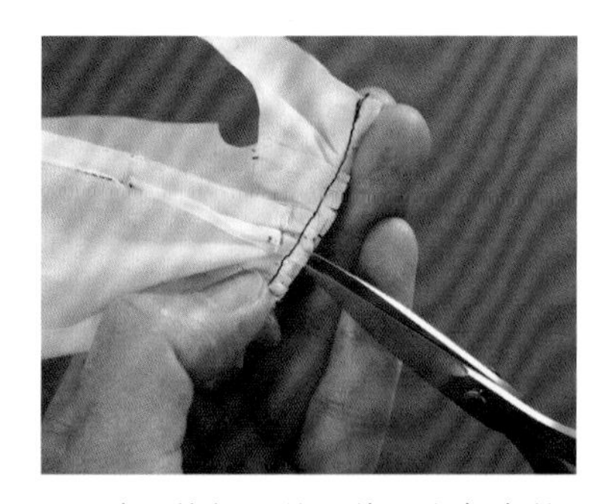

20 为了使领围的弧线更顺畅自然，在领子的缝份上剪出牙口。

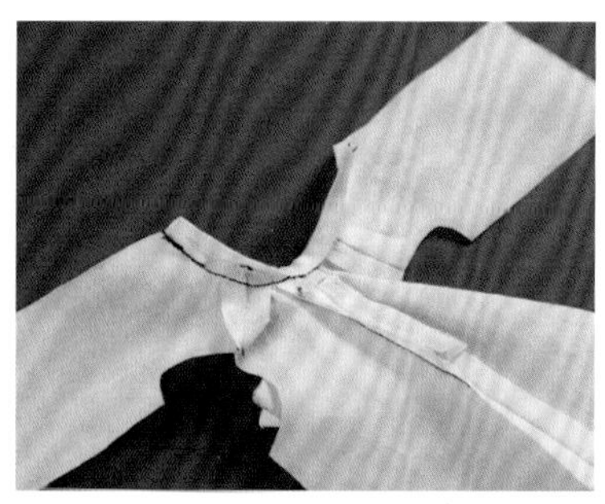

21 将缝份倒向领子一侧，折叠领子包住缝份，使用布用胶粘贴，用熨斗熨烫。

22 在折叠好的领子正面，沿边缘压缝一周。

23 将袖口布对折，把一侧缝份折向中心，使用熨斗熨烫。

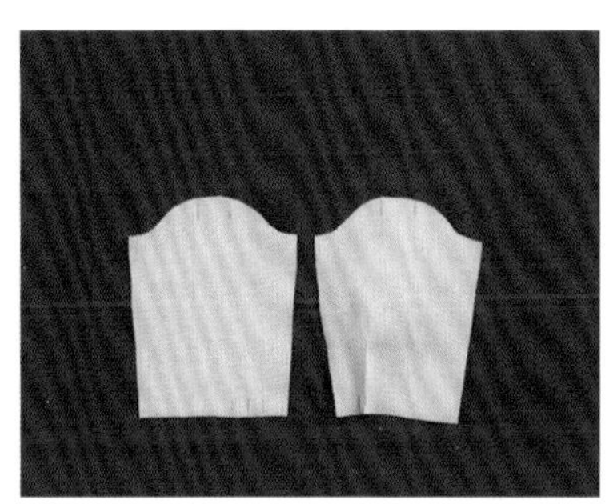

24 折叠袖子打褶部分，使用熨斗熨烫。

25 对齐袖口和袖口布，用珠针固定（左），缝合袖口布和袖子（右）。

26 将缝份倒向袖口布一侧（右），折叠袖口布包住缝份，使用布用胶粘贴，用熨斗熨烫（左）。

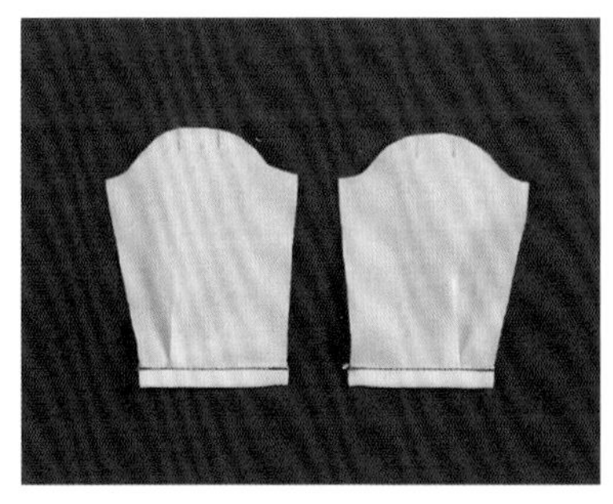

27 在折叠好的袖口布正面，沿边缘压缝。

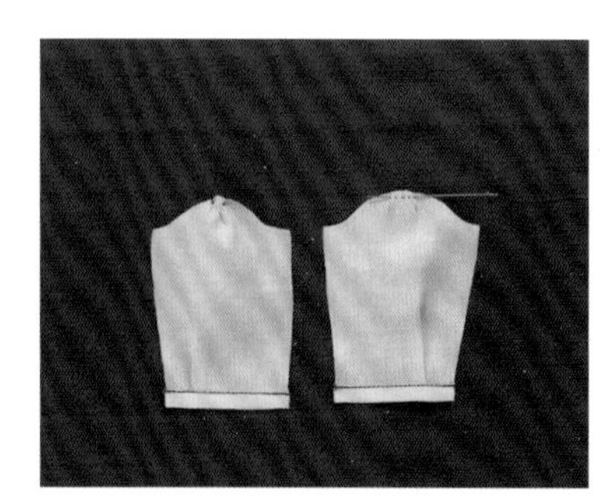

28 用平针缝缝制袖山的抽褶位置（右），拉紧缝线，抽出细褶（左）。

29 将衣身的袖窿和袖子对齐，先粗缝固定，再缝合袖子和衣身。

30 两只袖子缝合完成后，拆去粗缝线。

31 将缝份倒向袖子一侧，使用熨斗熨烫。

32 将衣身侧边和袖子对齐，用珠针固定。

33 从侧边到袖子进行缝合。

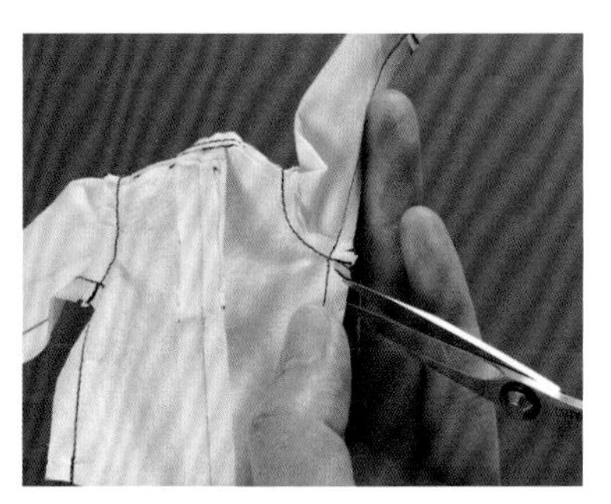

34 为使侧边平整，在腋下剪“八”字形牙口。

35 把袖子翻回正面。这时可以使用返里钳，会比较方便。

36 使用熨斗熨开侧边缝份。折叠衣身下摆，使用熨斗熨烫，在正面压缝。

37 折叠背后开口，使用熨斗熨烫。

38 重叠背后开口，在下方一侧缝制魔术贴的钩面。衣身边缘与魔术贴重叠，露出一部分魔术贴，在正面沿背后开口的边缘缝制。

39 重叠背后开口，在上方一侧缝制魔术贴的毛面。衣身边缘和魔术贴对齐，从正面缝制魔术贴两端。

40 钉缝荷叶边装饰用的珠子。完成荷叶边衬衣。

arrange 荷叶边衬衣的穿搭方法

缎带领带的制作方法

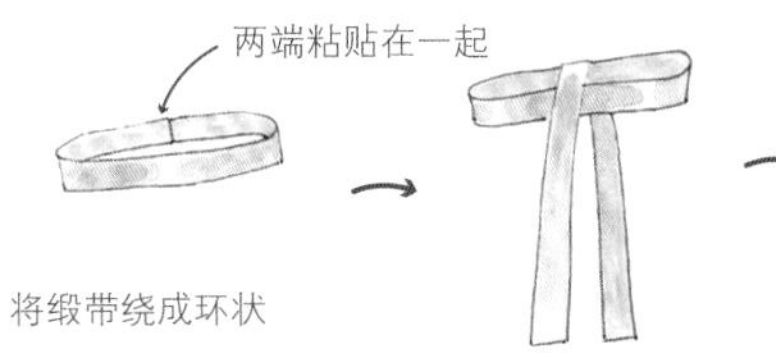

将缎带绕成环状

取另一根缎带，夹住
缎带环的中心位置

缝合两层
缎带

基本款

推荐使用棉麻布或是平
纹棉布。可以选择各种
图案的布料，制作不同
风格的衬衣

荷叶边尽量选择较薄
的布料（棉麻布、全
棉巴厘纱）

27cm 尺寸

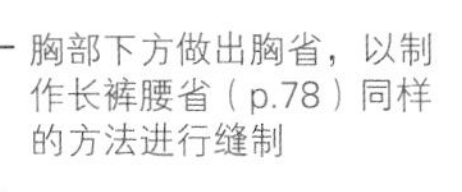

胸部下方做出胸省，以制
作长裤腰省（p.78）同样
的方法进行缝制

11cm 尺寸

荷叶边的层数减少一层

袖口不打褶

55cm尺寸的衣服，为了
不用取下娃娃的手部也可以
顺利穿脱，可以将袖口制作成开口
式的。制作方法参照p.111

Lesson 4 青果领西装外套

青果领西装外套

20cm 尺寸实物大纸型

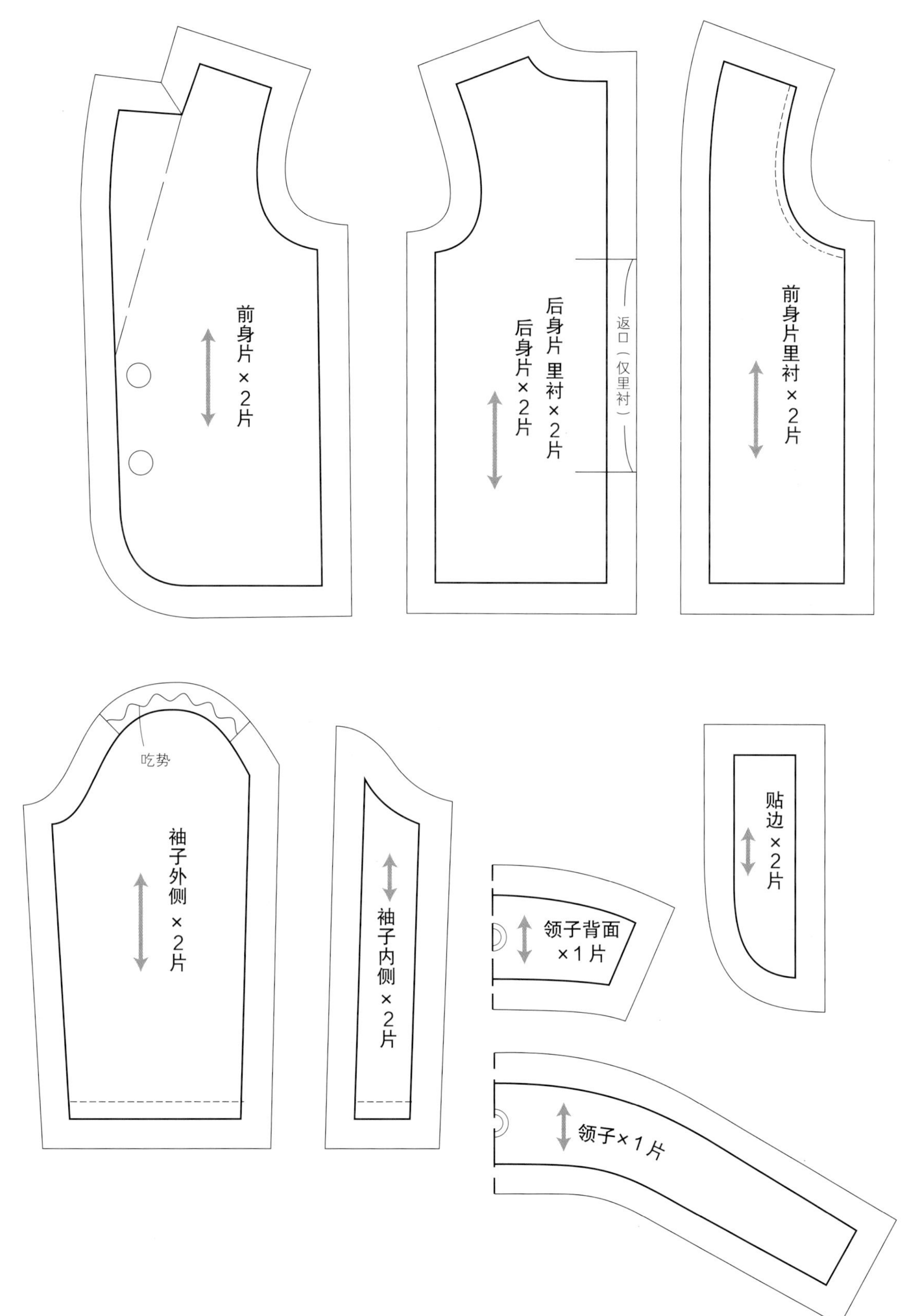

青果领西装外套

所需材料 ※以ruruko为模特。

表布用布料・・・24cm×35cm

里衬用布料・・・17cm×20cm

衣身装饰用扣子 ・・・2颗

前侧开口用钩扣（仅钩部分）・・・1个

前

后

青果领西装外套

各尺寸的适用范围

制作步骤页面使用的是以ruruko为模特的20cm尺寸。
纸型共登载了11cm、20cm、28cm、55cm四种尺寸。

11cm尺寸

这里的11cm尺寸是以OBITSU 11cm素体为模特。
适用本书11cm尺寸的娃娃有OBITSU 11cm素体、黏土人(女孩、男孩)、PiccoNeemo S素体。
黏土人娃娃袖子稍微偏长。PiccoNeemo S素体袖子稍微偏短。

20cm尺寸

这里的20cm尺寸是以ruruko男孩(PureNeemo男孩S素体)为模特。
适用本书20cm尺寸的娃娃有ruruko、PureNeemo XS素体、兔子娃娃、丽佳、Blythe(小布)、PureNeemo S素体、PureNeemo男孩S素体。
所有适用的娃娃都可以穿着这款外套,兔子娃娃袖子稍微偏长。

28cm尺寸

这里的28cm尺寸是以六分男子图鉴(Eight)为模特。
适用本书28cm尺寸的娃娃有momoko、六分男子图鉴(Eight&Nine)、U-Noa Quluts Light荒木(Flourite&Azurite)、珍妮、FR Nippon Misaki。
FR Nippon Misaki 、U-Noa Quluts Light荒木(Azurite)、六分男子图鉴(Eight)外套尺寸刚好合身,六分男子图鉴(Nine)外套略偏小。珍妮袖子偏长。其他适用的娃娃外套稍微偏大。

55cm尺寸

这里的55cm尺寸是以OBITSU 55cm素体为模特。
适用本书55cm尺寸的娃娃有U-Noa Quluts荒木女孩、Blue Fairy女孩(Tiny Fairy)、OBITSU 48cm素体(S、M胸)、OBITSU 50cm素体(S、M胸)、OBITSU 55cm素体、LUTS女孩(Kid Delf、Senior Delf)。
OBITSU 48cm素体和50cm素体外套偏大,OBITSU 55cm素体尺寸刚好合身, LUTS女孩(Senior Delf)胸部略紧。其他娃娃不能穿着这款外套。

※娃娃的分类、各尺寸的适用范围均出自日本株式会社图像出版社的调查。请勿向生产厂商咨询。

青果领西装外套的制作方法

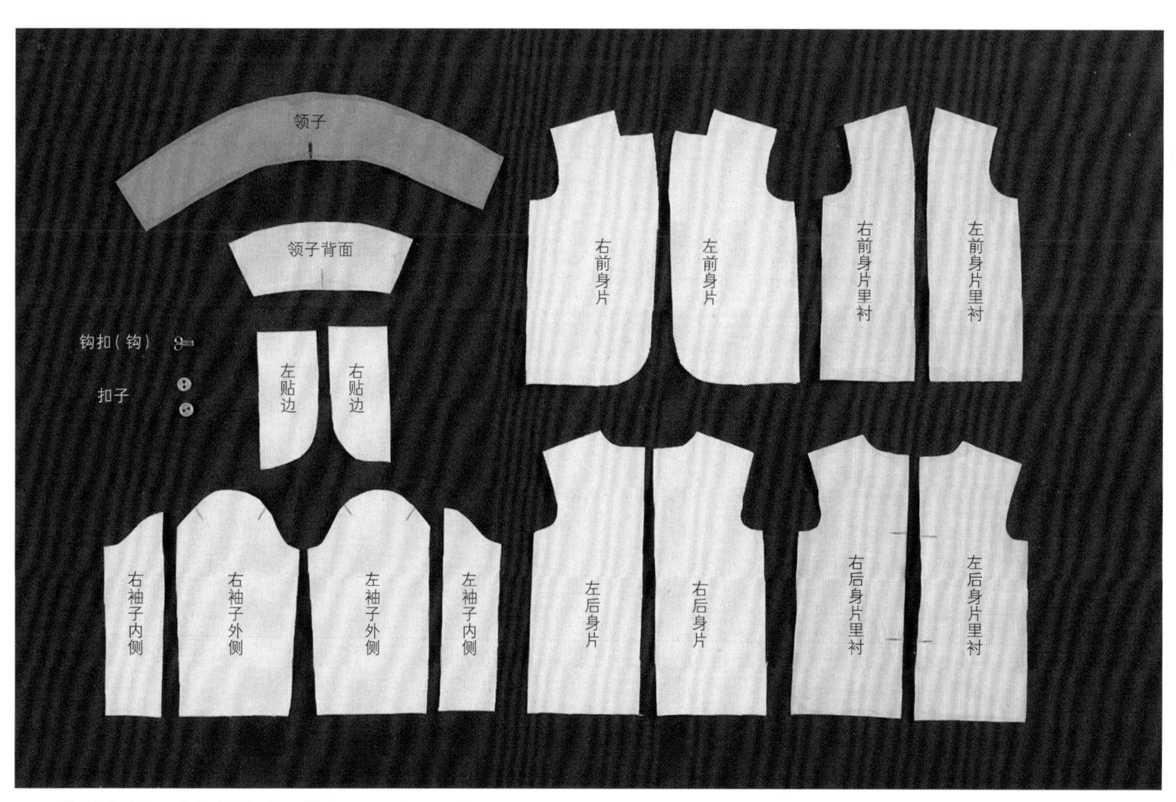

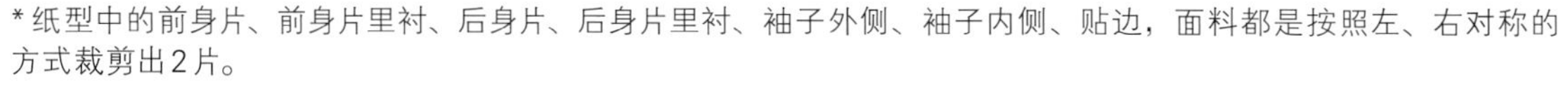

1 裁剪布料，涂上锁边液。做好需要的记号点。
*纸型中的前身片、前身片里衬、后身片、后身片里衬、袖子外侧、袖子内侧、贴边，面料都是按照左、右对称的方式裁剪出2片。

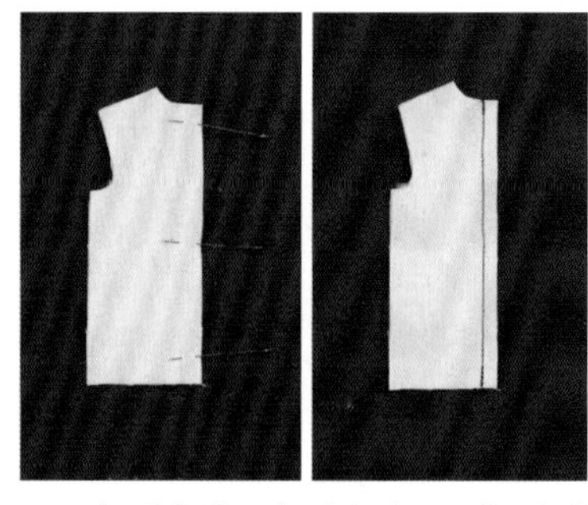

2 左后身片、右后身片正面相对对齐，用珠针固定（左），缝合后侧中心（右）。

3 使用熨斗熨开缝份，完成后身片。

4 缝合完成的后身片和左、右前身片正面相对对齐，缝合肩部。

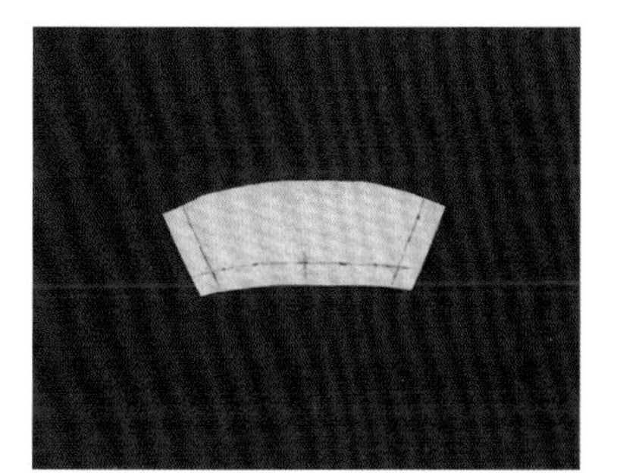

5 在领子背面做好缝线记号。

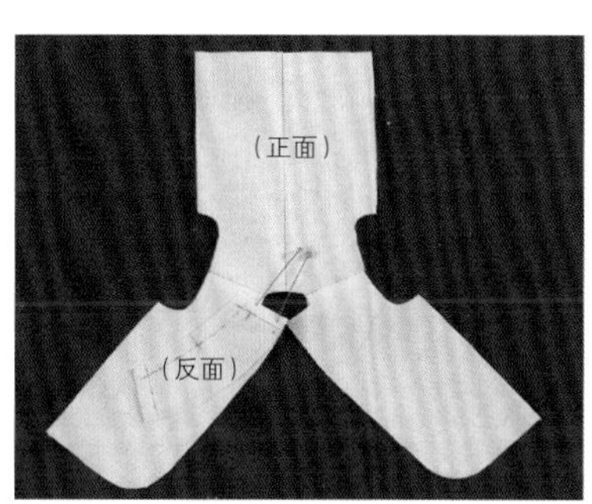

6 使用熨斗熨开肩部缝份。右前身片的边缘和领子背面的短边正面相对对齐，用珠针固定。

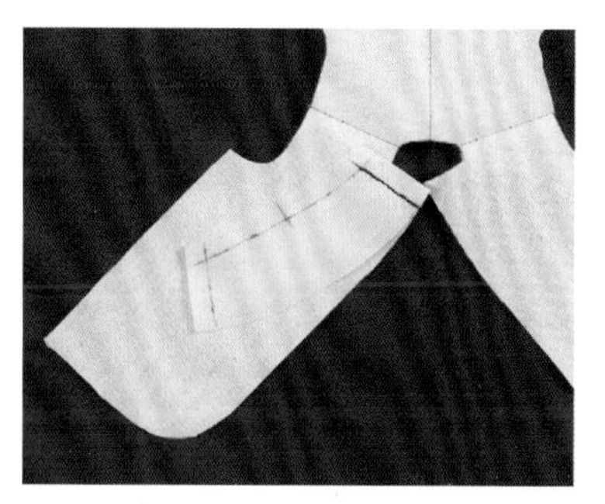

7 缝合右前身片和领子背面的短边。

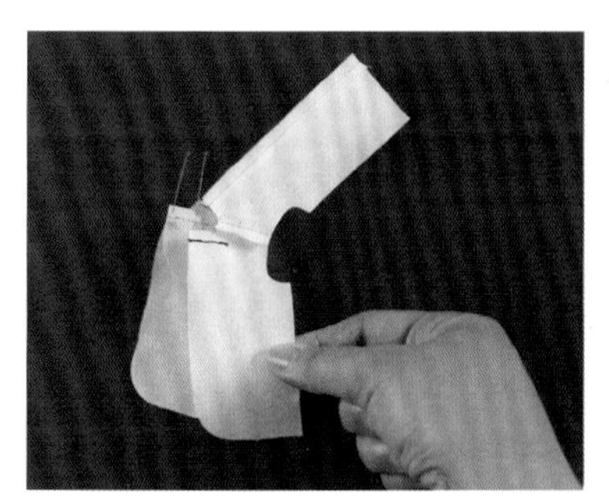

8 正面相对对齐左前身片的边缘和领子背面的短边，用珠针固定。

9 缝合左前身片和领子背面的短边。

10 缝合完成后背面的样子。

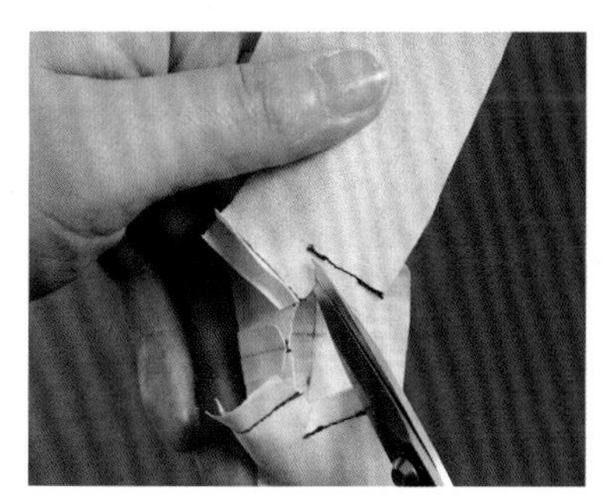

11 在衣身和领子背面缝合部分的角上剪出牙口。注意避开领子背面，仅剪在衣身部分。

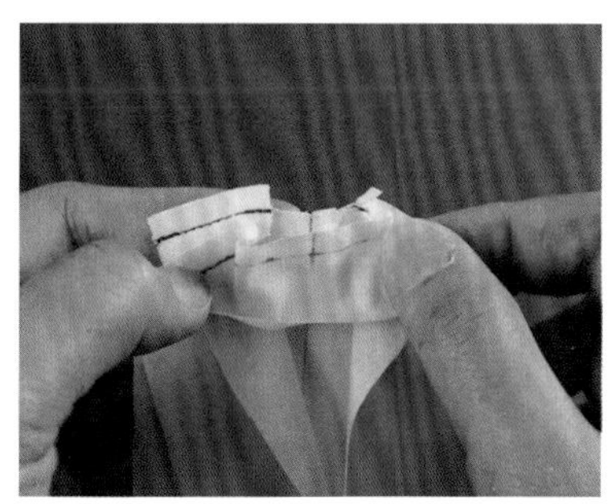

12 将领子背面的长边和衣身的领围正面相对对齐。

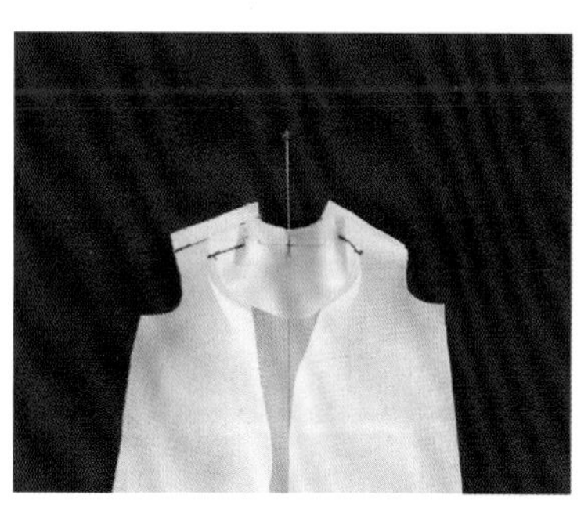

13 领子背面的中心与衣身的后侧中心点对齐，用珠针固定。

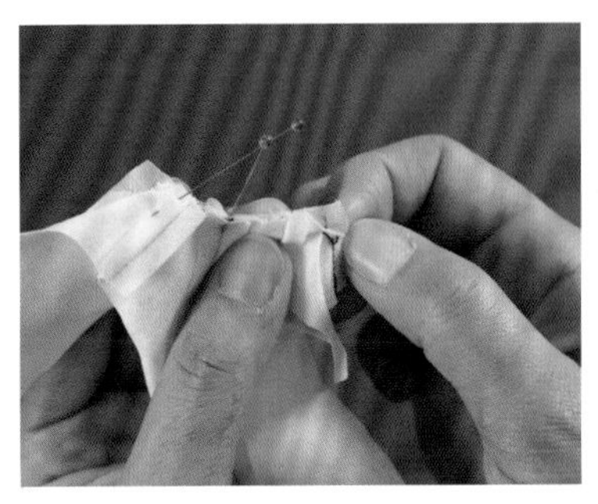

14 沿衣身领围对齐领子背面的长边，从两端向中心用珠针固定。

15 衣身领围和领子背面的长边对齐固定完成。

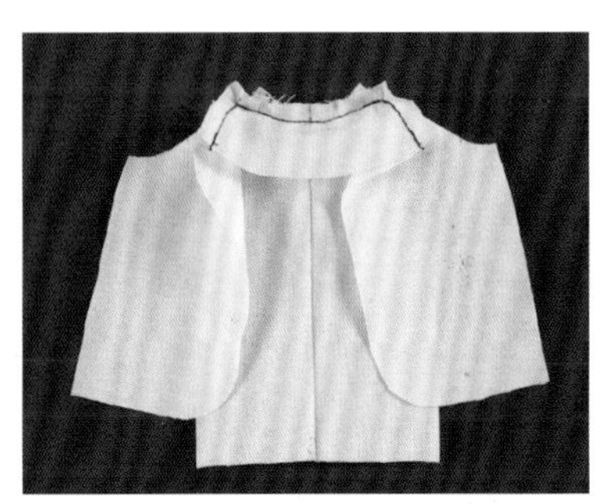

16 缝合领围，领子背面缝制完成。

17 将缝份倒向领子背面。

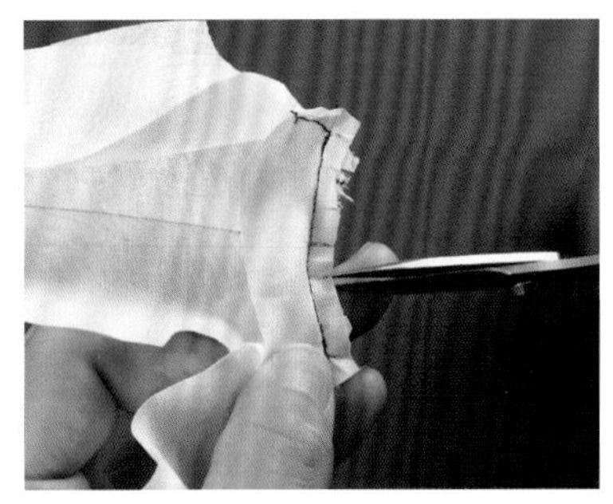

18 为了使领子的弧线更顺畅自然，在缝份上剪出牙口。

19 正面完成的样子。

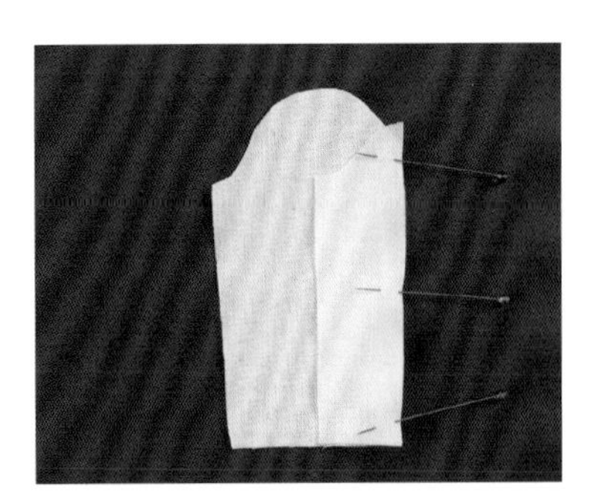

20 正面相对对齐袖子外侧和袖子内侧，用珠针固定。

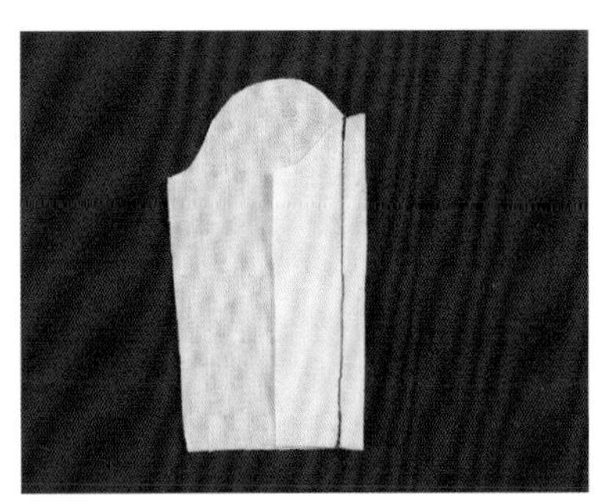

21 缝合袖子外侧和袖子内侧。

22 将缝份倒向袖子外侧，折叠袖口。

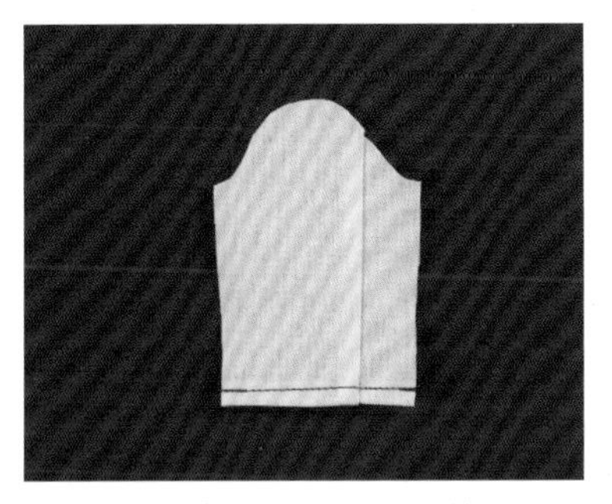

23 在折叠好的袖口正面压缝。用这个方法做2个袖子。

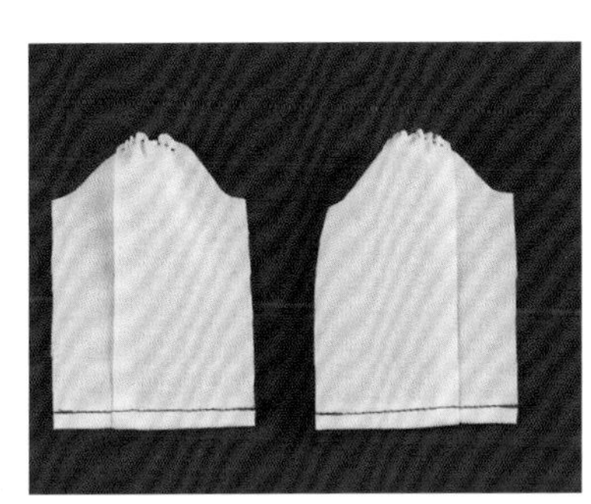

24 用平针缝缝制袖山的吃势位置，轻轻拉紧缝线缩缝。

25 将袖子与衣身袖窿正面相对对齐，先进行粗缝，再缝合袖子与衣身。

26 两只袖子缝合完成。完成西装表布。

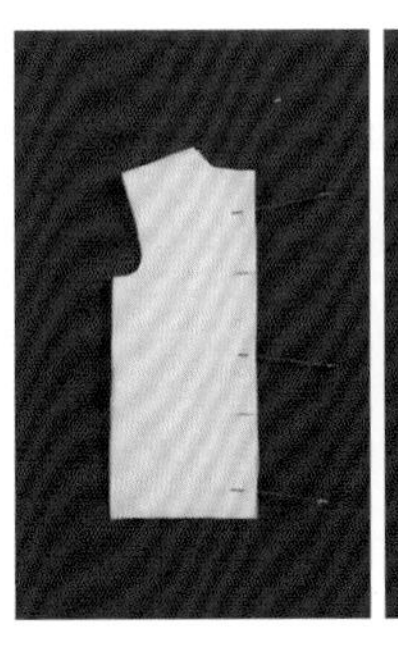

27 将左、右后身片里衬正面相对对齐，用珠针固定（左），除去返口部分，缝合后侧中心（右）。

28 使用熨斗熨开缝份，完成后身片里衬。

29 缝合完成的后身片里衬和左、右前身片里衬正面相对对齐，缝合肩部。

30 使用熨斗熨开肩部缝份。

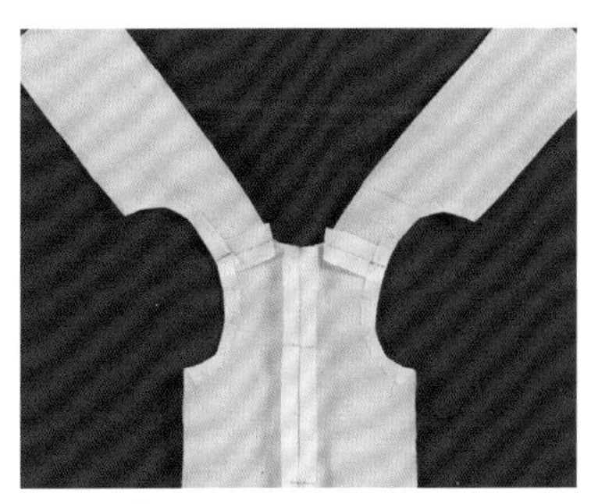

31 为了使袖窿的弧线更顺畅自然，在缝份上剪出牙口，折叠缝份。

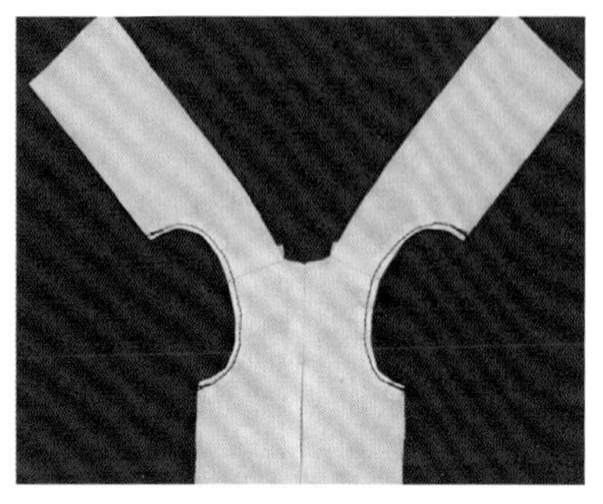

32 使用熨斗熨烫袖窿缝份，压缝一周。

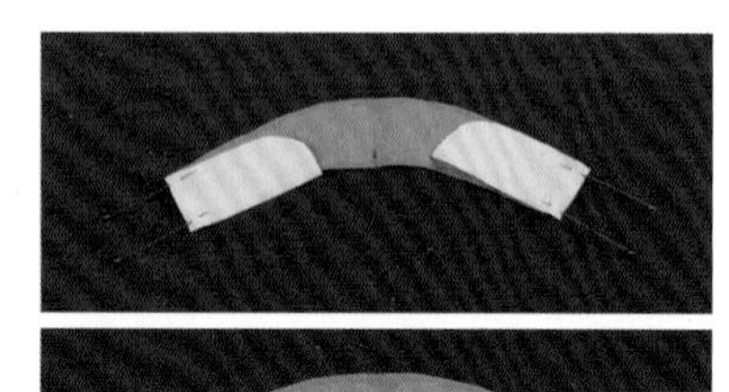

33 将左、右贴边与领子两端正面相对对齐，用珠针固定（上）。缝合领子和贴边（下）。

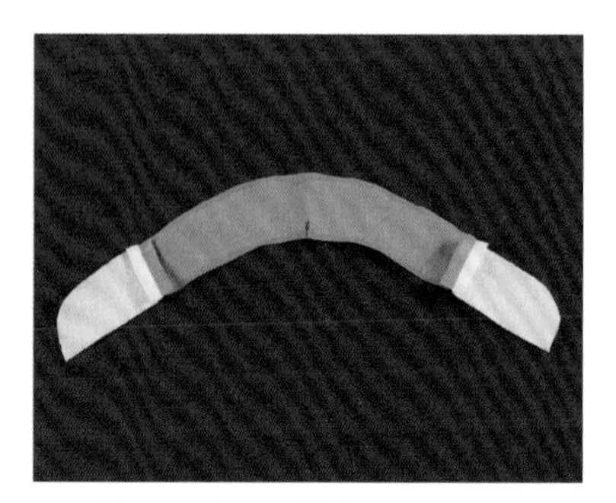

34 使用熨斗熨开缝份。

35 对齐领子中心和衣身后侧中心点，用珠针固定。

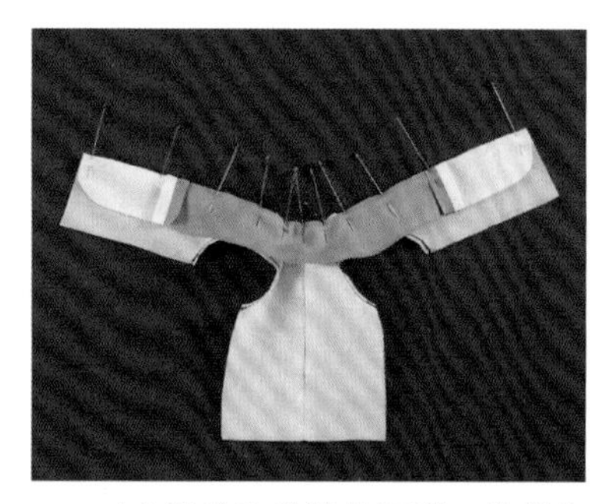

36 对齐贴边和前襟的两端，按前片开口、领围、另一侧前片开口的顺序用珠针固定。

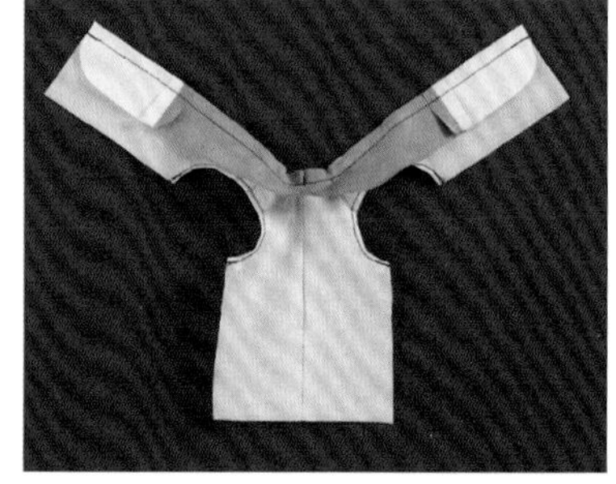

37 缝合贴边、领子和衣身。

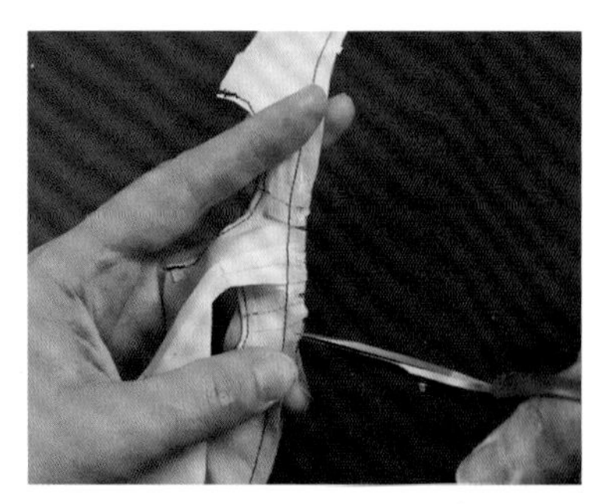

38 为了使领子的弧线更顺畅自然，在缝份上剪出牙口。完成西装里衬。

39 完成的西装里衬（上）和西装表布（下）。

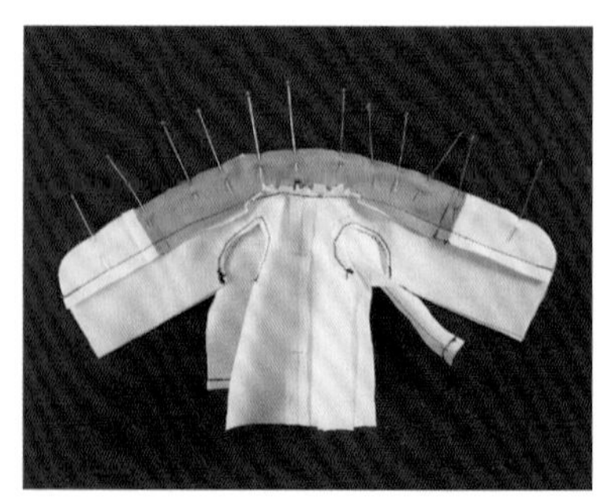

40 正面相对对齐表布和里衬的领子。首先对齐里衬领子和表布领子的中心，沿着领围用珠针固定至前襟缝制领子的位置。

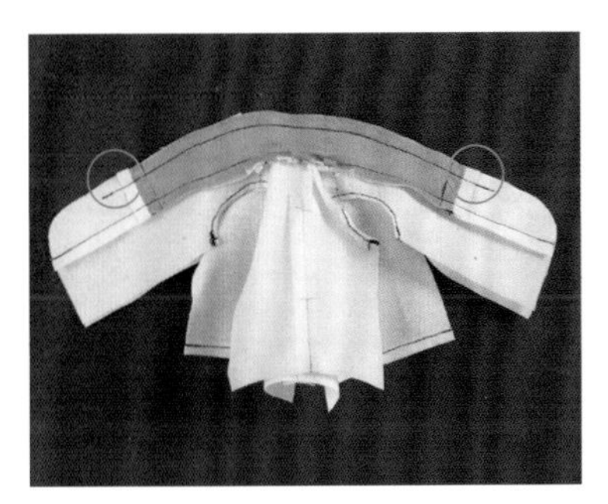

41 按顺序缝合领子贴边的一小部分、领子、另一侧领子贴边的一小部分。

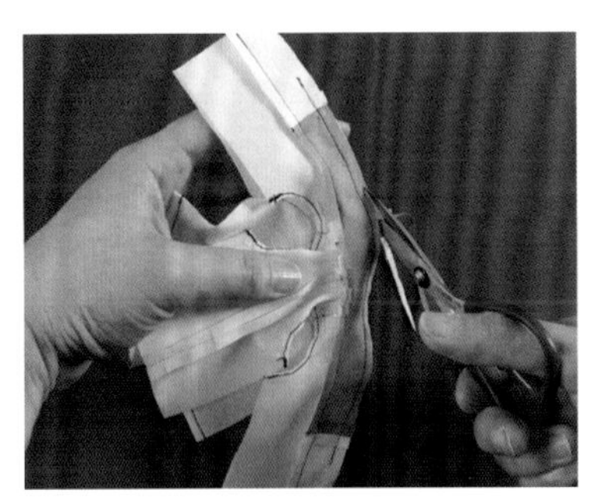

42 将领子的缝份裁剪去一半。

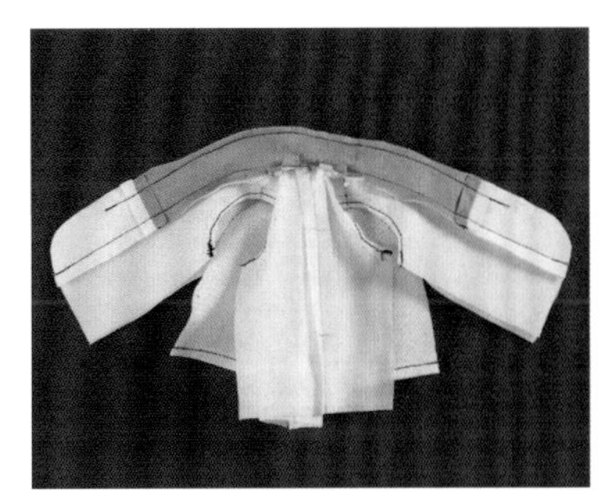

43 裁剪完成的样子。

44 打开表布和里衬。

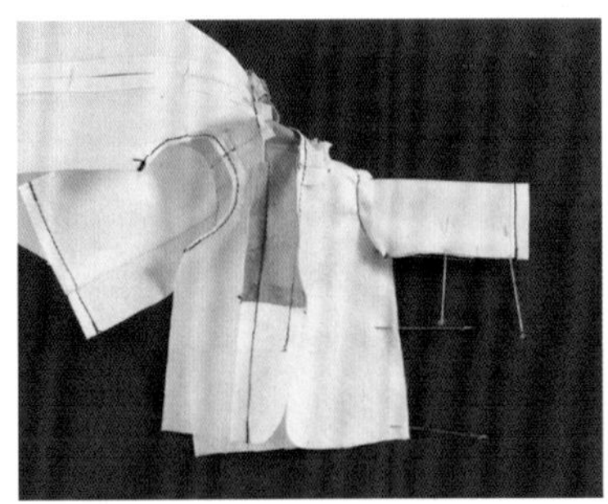

45 将衣身表布的侧边和袖子正面相对对齐，用珠针固定。

46 缝合侧边和袖子。以同样的方法缝合另一侧。腋下剪“八”字形牙口。

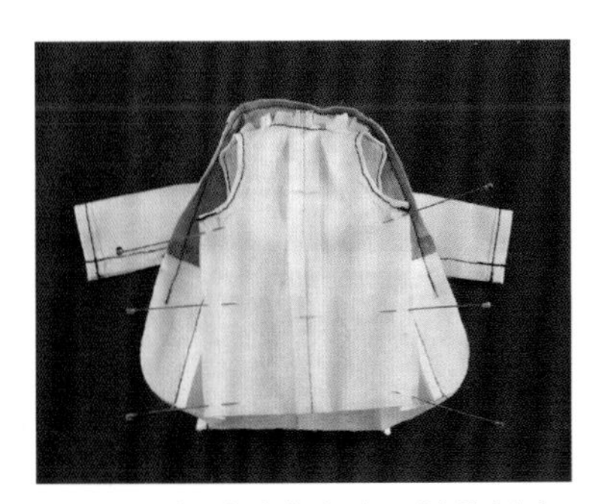

47 正面相对对齐衣身里衬的侧边，用珠针固定。

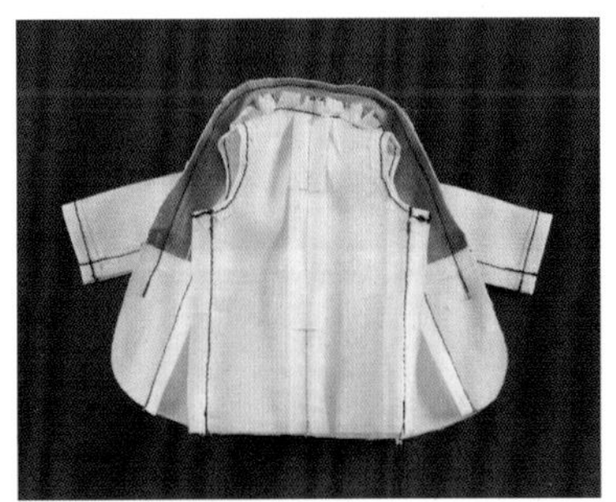

48 缝合衣身里衬的侧边。

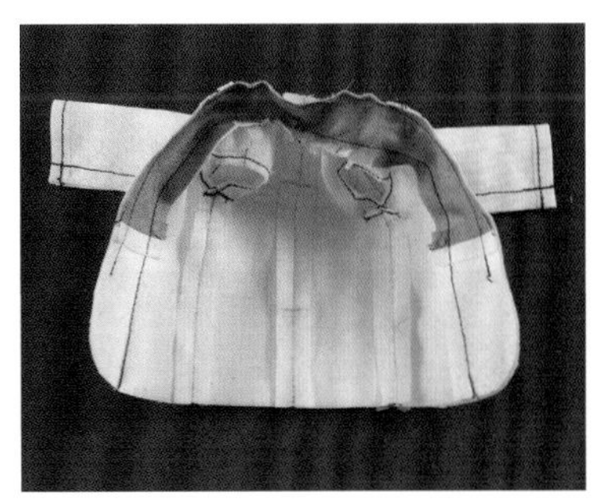

49 使用熨斗熨开缝份。

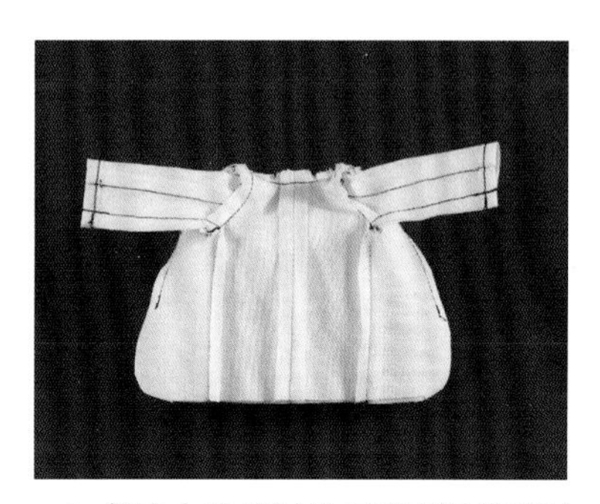

50 将表布和里衬的下摆正面相对对齐。

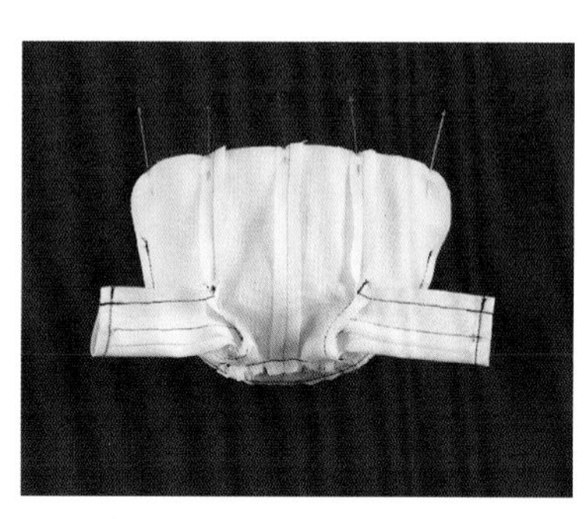

51 在下摆的后侧中心、侧边和两端用珠针固定。

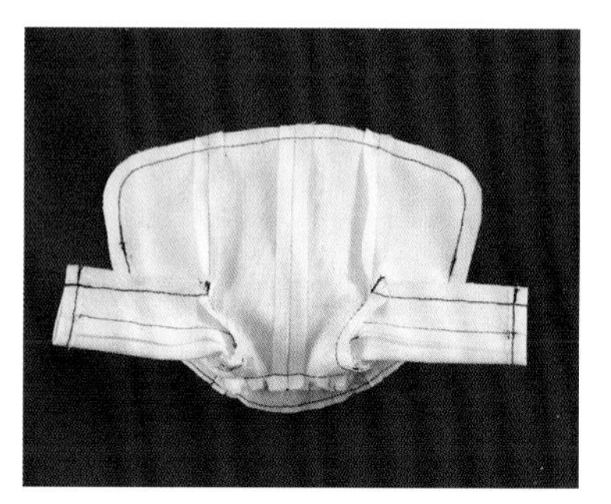

52 缝合前襟未完成部分、下摆、另一侧前襟未完成部分。

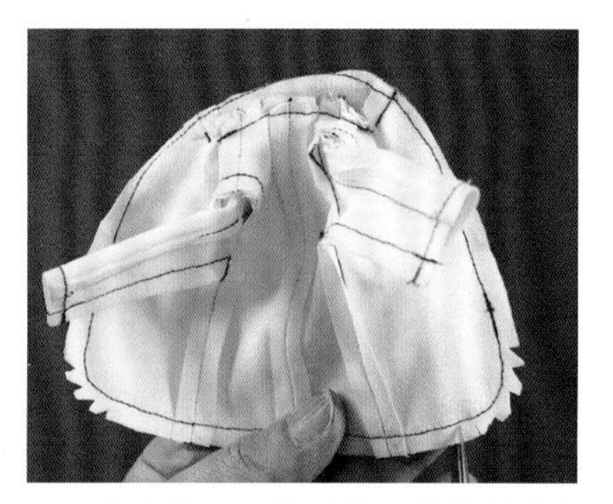

53 在前襟、下摆弧线部分的缝份上剪V形牙口。

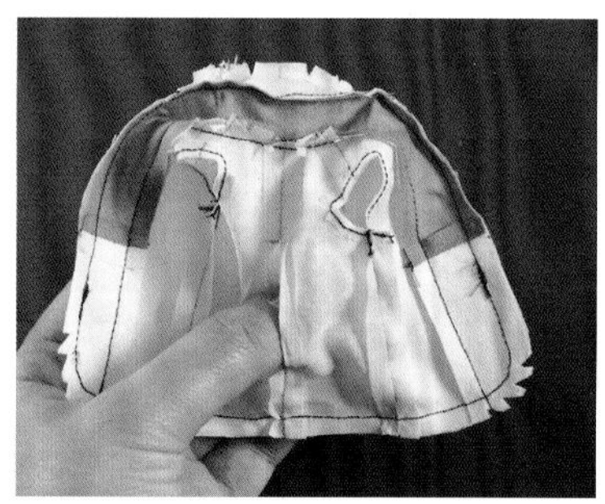

54 从未缝合的里衬返口翻回正面。这时可以使用返里钳，会比较方便。

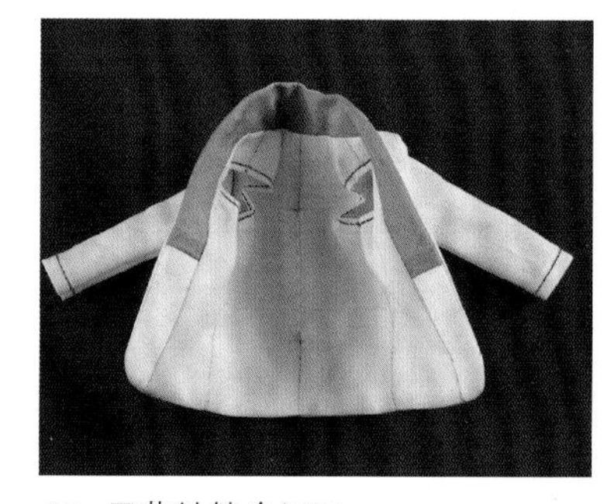

55 用藏针缝合返口。

56 翻折领子，使用熨斗整烫。

57 缝上装饰扣子。

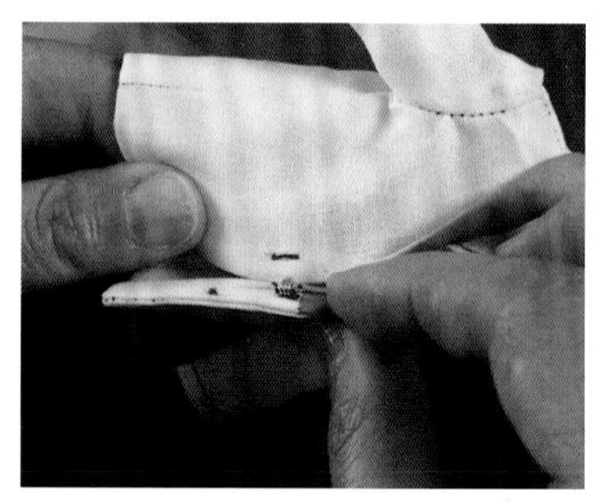

58 在装饰扣子的背面钉缝钩扣，另一侧前襟钉缝线环，线环的制作方法参照p.23。完成青果领西装外套。

arrange 青果领西装外套的穿搭方法

改变领子使用的布料，就能制作出千变万化的青果领西装外套。

十二分至六分娃娃（例如 20cm、27cm、28cm）适合选择略有弹力的全棉布料或极薄的羊毛布料，

三分娃娃（例如 48cm、55cm）就可以使用羊毛的粗花呢或天鹅绒布料。

里衬使用棉麻布料，便于制作。也可以使用里衬专用的涤纶布料，使完成的外套更具豪华感。

11cm 尺寸

11cm 尺寸西装外套的制作方法大致相同，也需要缝制里衬

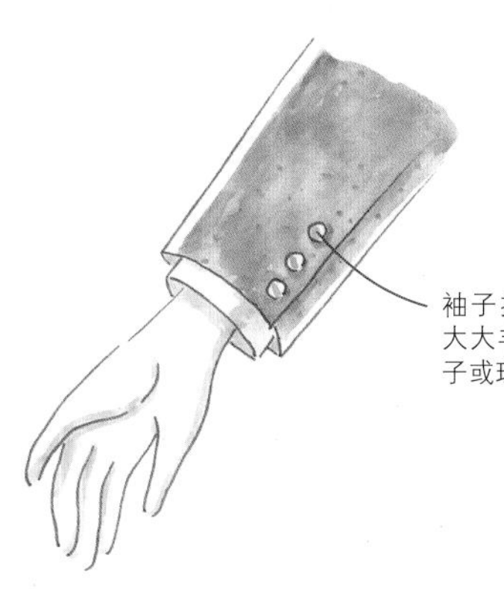

Lesson 5 长裤

长裤

20cm 尺寸实物大纸型

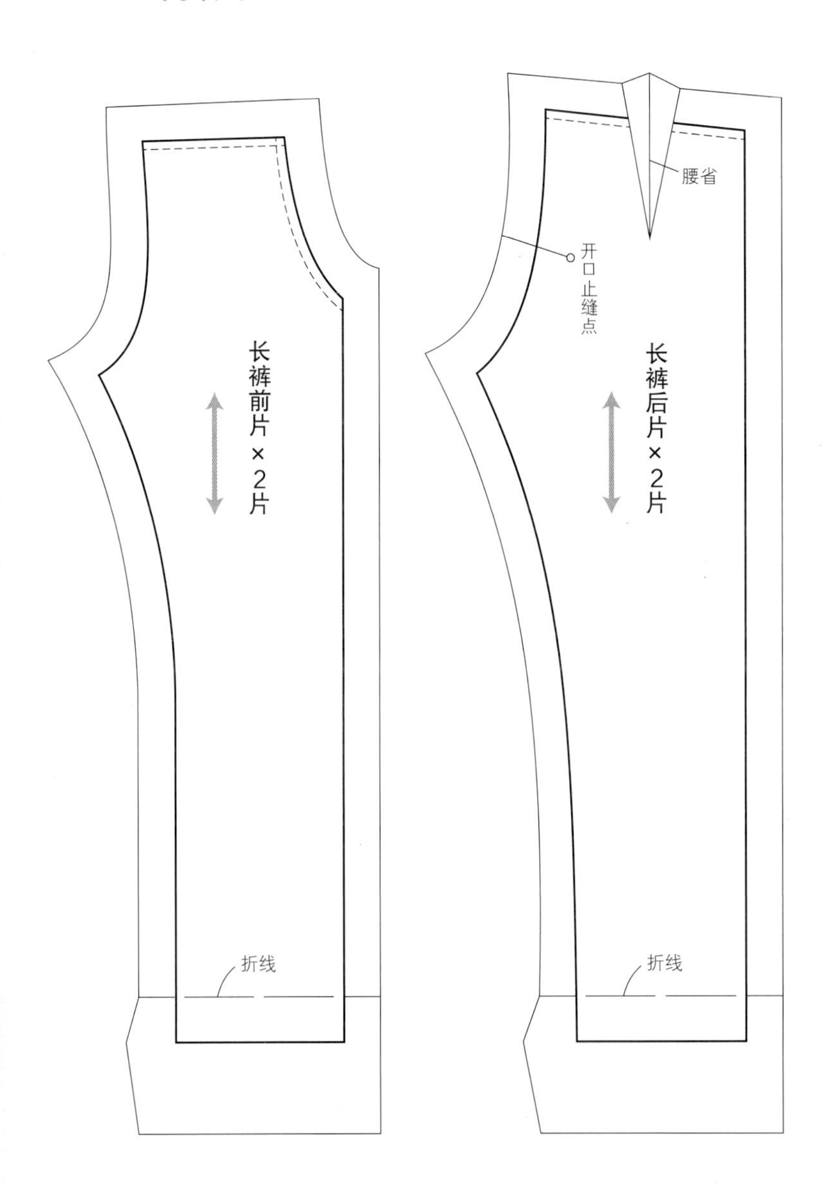

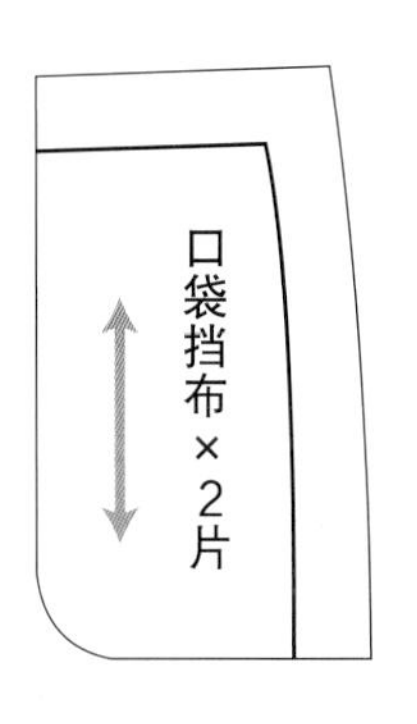

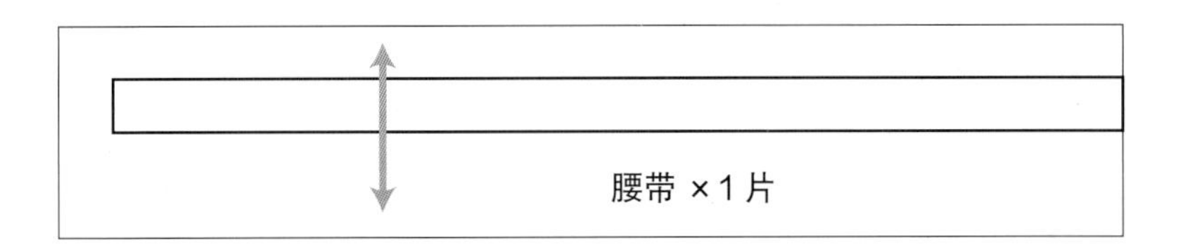

长裤

所需材料 ※以ruruko为模特。

布料・・・15cm×23cm

背后开口用魔术贴・・・适量

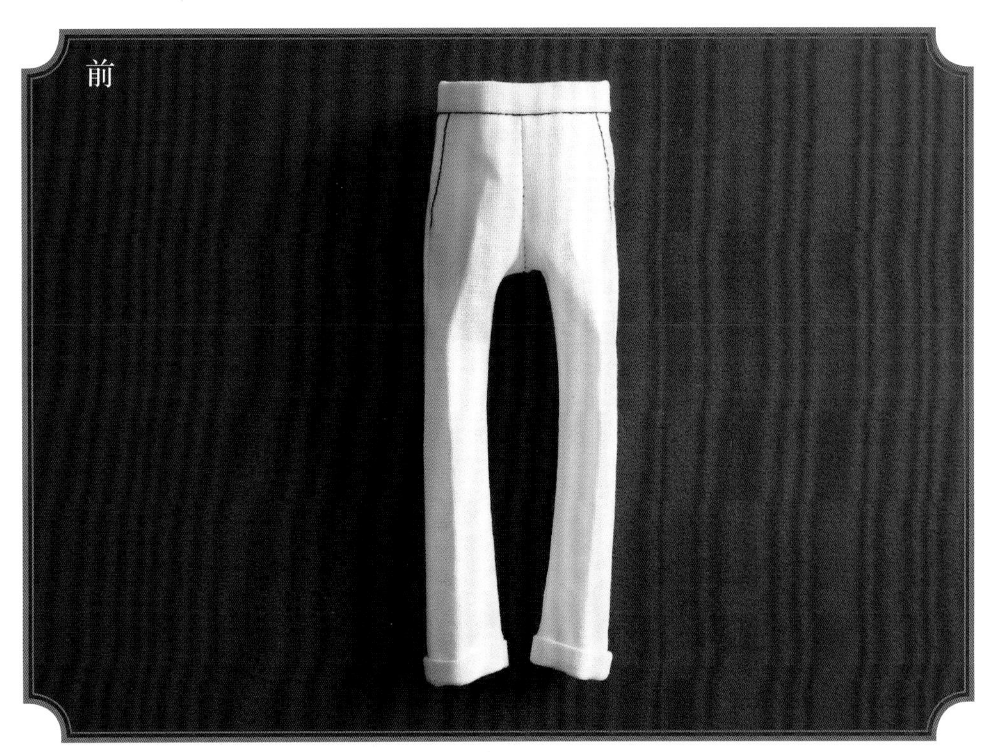
前

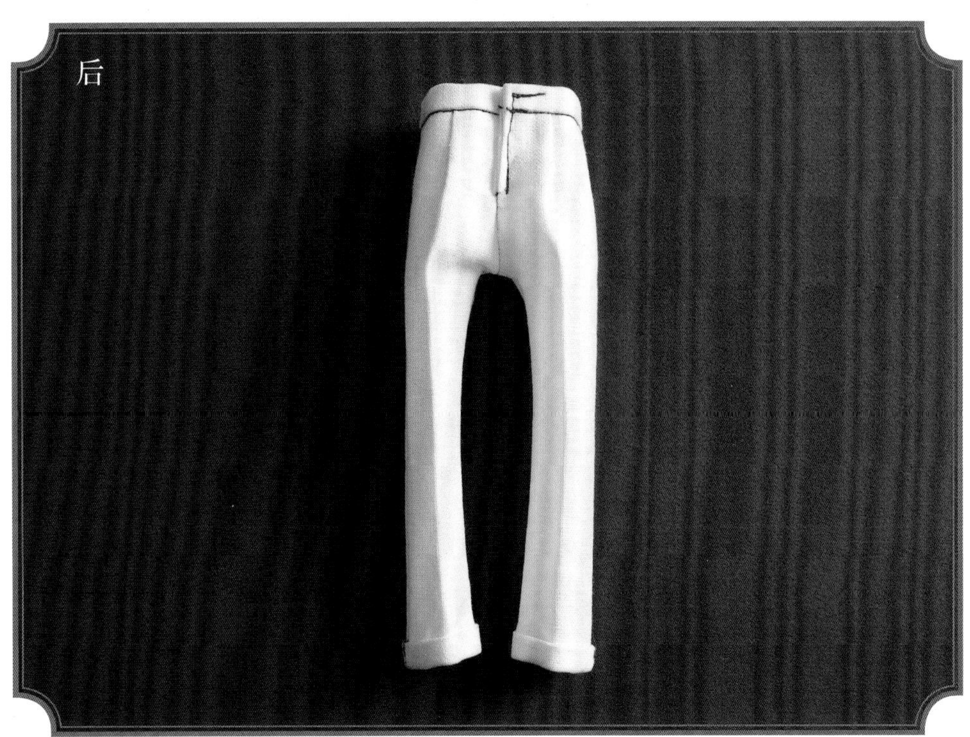
后

长裤

各尺寸的适用范围

制作步骤页面使用的是以ruruko男孩为模特的20cm尺寸。
纸型共登载了11cm、20cm、28cm、55cm四种尺寸。

11cm尺寸

这里的11cm尺寸是以OBITSU 11cm素体为模特。
适用本书11cm尺寸的娃娃有OBITSU 11cm素体、黏土人(女孩、男孩)、PiccoNeemo S素体。
PiccoNeemo S素体裤子只到膝下。

20cm尺寸

这里的20cm尺寸是以ruruko男孩(PureNeemo男孩S素体)为模特。
适用本书20cm尺寸的娃娃有ruruko、PureNeemo XS素体、兔子娃娃、丽佳、Blythe(小布)、PureNeemo S素体、PureNeemo男孩S素体。
PureNeemo S素体裤子略紧,兔子娃娃不能穿着这款长裤。

28cm尺寸

这里的28cm尺寸是以六分男子图鉴(Eight)为模特。
适用本书28cm尺寸的娃娃有momoko、六分男子图鉴(Eight&Nine)、U-Noa Quluts Light荒木(Flourite&Azurite)、珍妮、FR Nippon Misaki。
所有适用的娃娃都可以穿着。

55cm尺寸

这里的55cm尺寸是以OBITSU 55cm素体为模特。
适用本书55cm尺寸的娃娃有U-Noa Quluts荒木女孩、Blue Fairy女孩(Tiny Fairy)、OBITSU 48cm素体(S、M胸)、OBITSU 50cm素体(S、M胸)、OBITSU 55cm素体、LUTS女孩(Kid Delf、Senior Delf)。
OBITSU 48cm素体和50cm素体腰围偏大,OBITSU 55cm素体刚好合身, LUTS女孩(Senior Delf)臀部略紧,裤子为七分裤。其他娃娃不能穿着这款长裤。

※娃娃的分类、各尺寸的适用范围均出自日本株式会社图像出版社的调查。请勿向生产厂商咨询。

长裤的制作方法

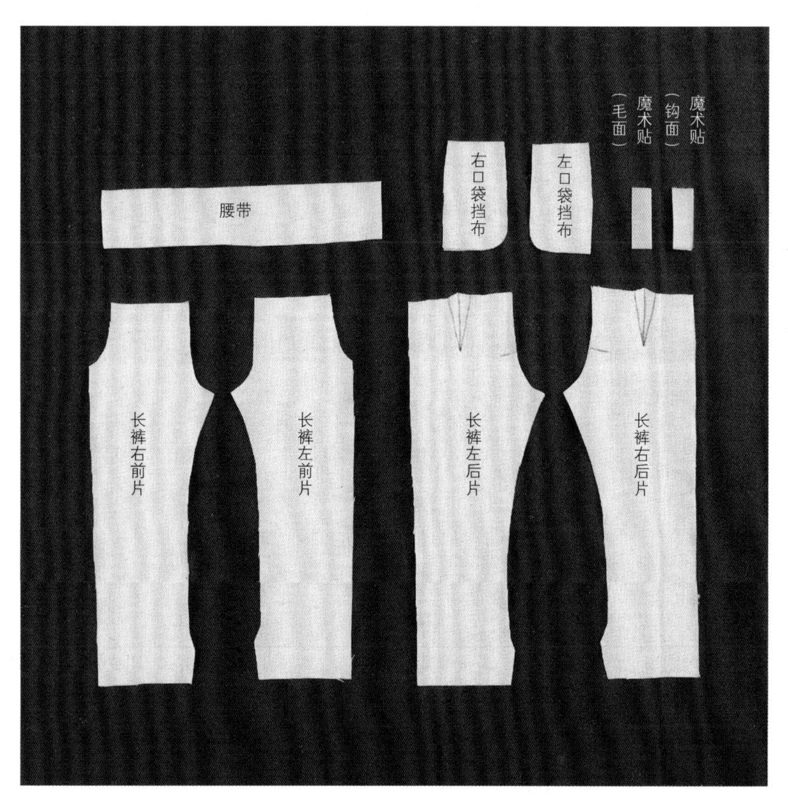

1 裁剪布料，涂上锁边液。做好需要的记号点。
*纸型中的长裤前片、长裤后片、口袋挡布，面料都是按照左、右对称的方式裁剪出2片。

2 长裤左、右后片沿记号折叠腰省，缝合(左)。

3 缝制完成长裤左、右后片的腰省，使用熨斗熨烫缝份，整理裤形。

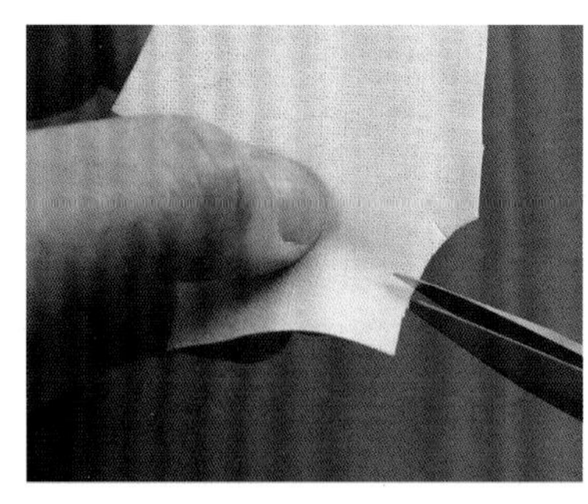

4 为了使长裤前片袋口的弧线更顺畅自然，在缝份上剪出牙口。

5 折叠长裤左、右前片袋口的缝份，使用熨斗熨烫。

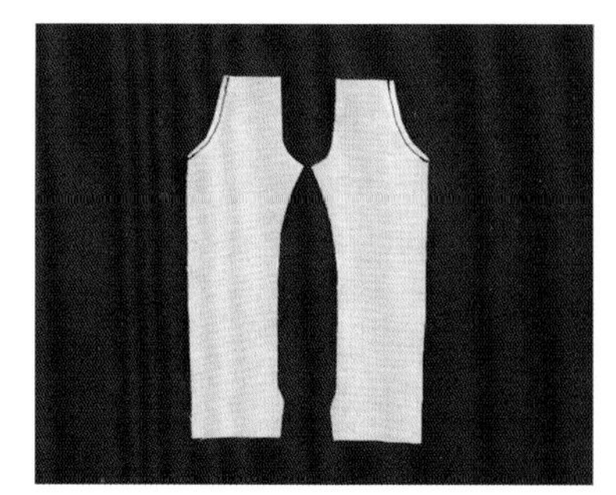

6 压缝折叠好缝份的袋口。

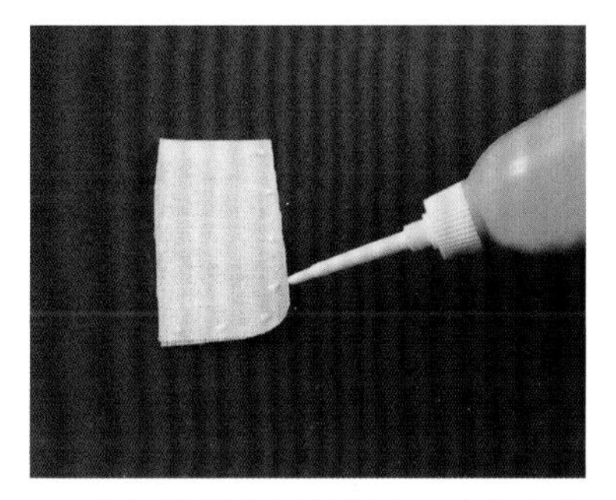

7 在口袋挡布和长裤左、右前片重叠的部分，点状涂上布用胶。

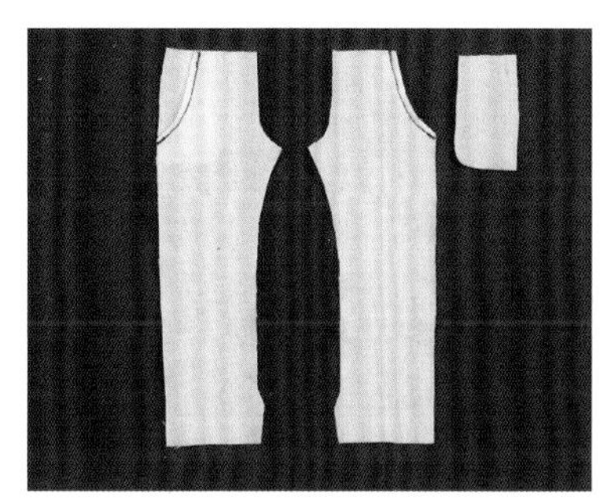

8 对齐长裤左、右前片的袋口和口袋挡布，粘贴。

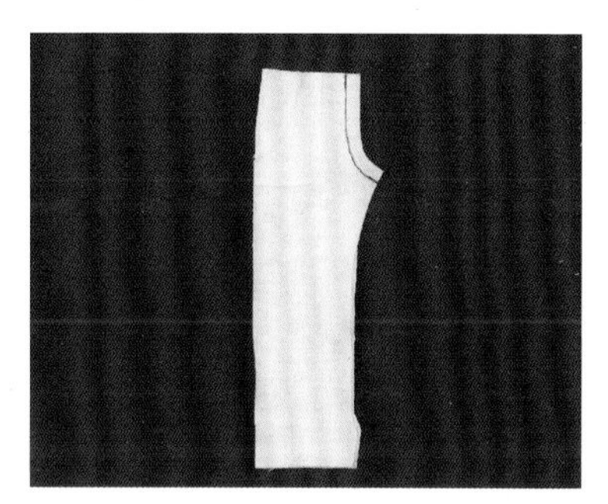

9 对齐长裤左、右前片，缝合前侧中心。

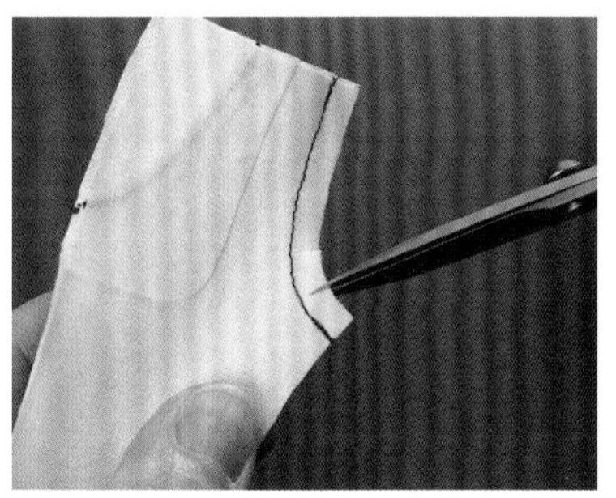

10 为了使前侧中心的弧线更顺畅自然，在缝份上剪出牙口。

11 使用熨斗熨开前侧中心的缝份。完成长裤前片。

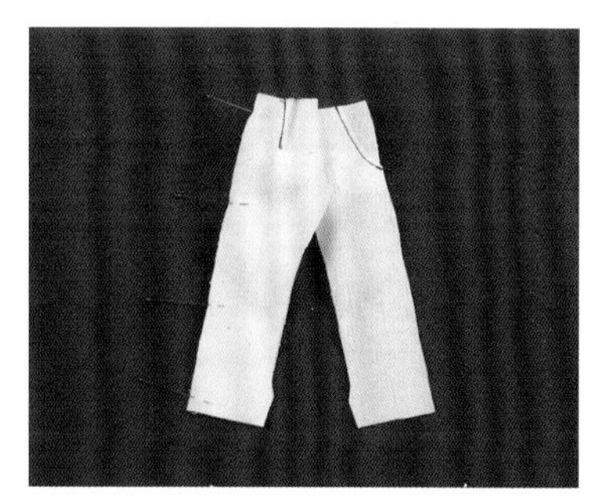

12 将长裤前片与长裤左、右后片正面相对对齐，对齐侧边，用珠针固定。

13 缝合长裤前片与后片的侧边。

14 以同样的方法缝合另一侧长裤前片与后片的侧边。

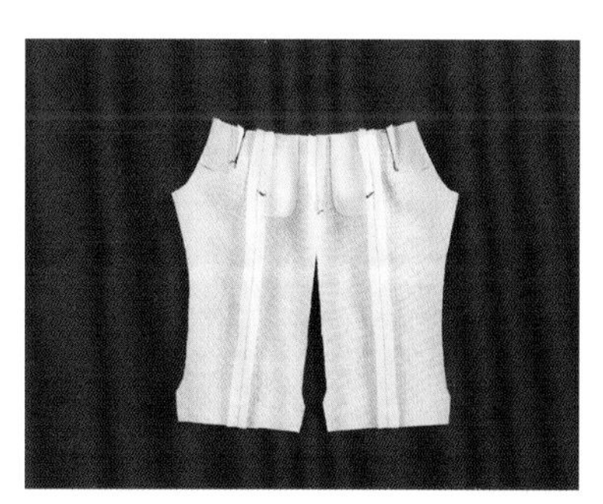

15 使用熨斗熨开侧边的缝份。

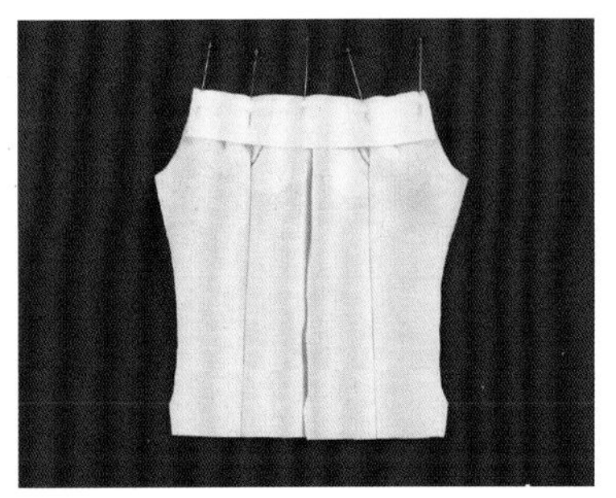

16 长裤的上端和腰带正面相对对齐，从两端向中心用珠针固定。

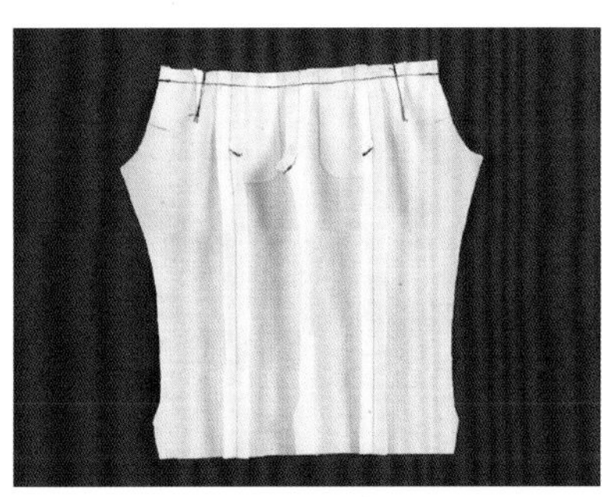

17 缝合长裤的上端和腰带。

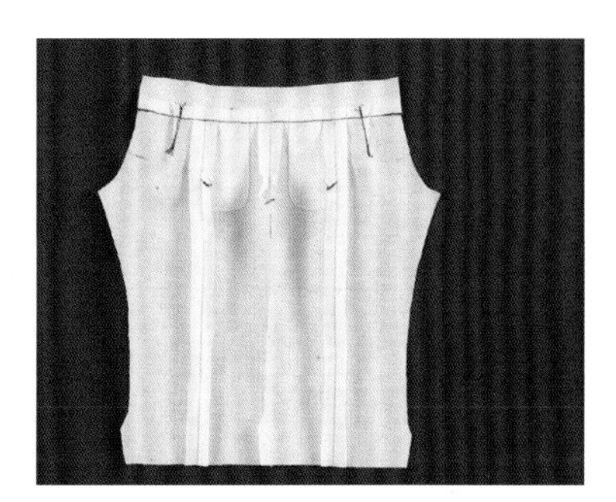

18 将缝份倒向腰带，使用熨斗熨烫。

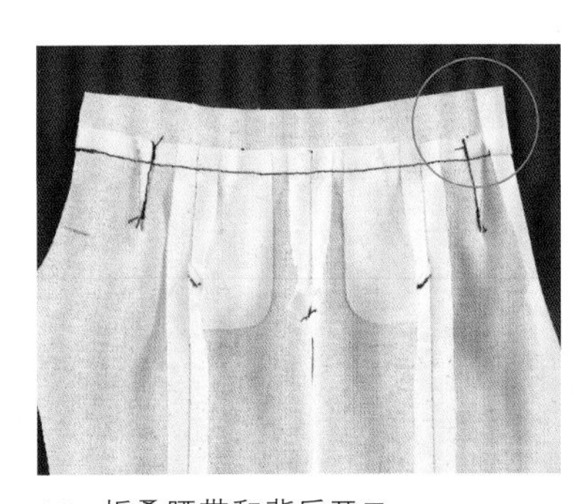

19 折叠腰带和背后开口。

20 折叠腰带，包住缝份，使用熨斗熨烫。

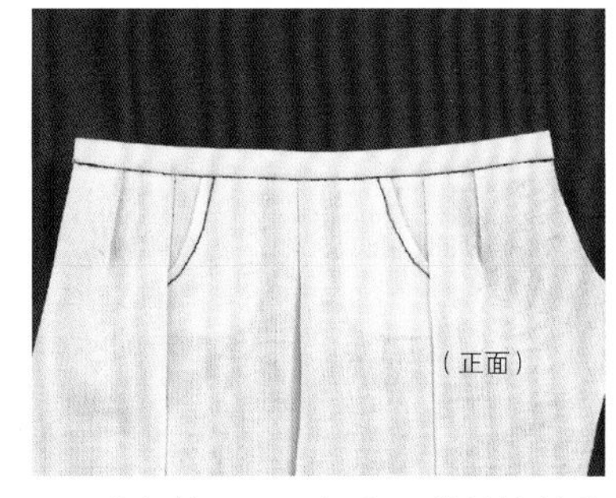

21 在长裤正面腰部和腰带的接缝处落针压缝。

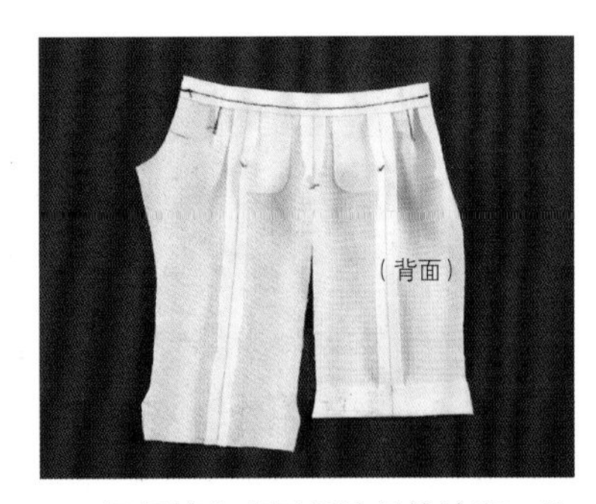

22 沿折线向背面折叠长裤裤脚，使用熨斗熨烫（右）。

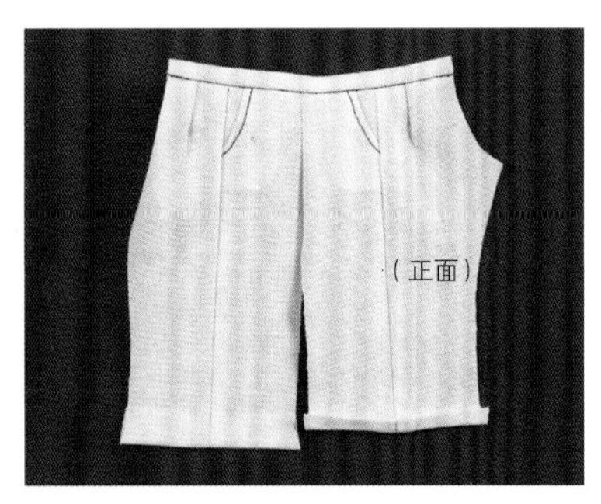

23 将折叠好的裤脚的一半再折向正面，使用熨斗熨烫，钉缝中心点（右）。

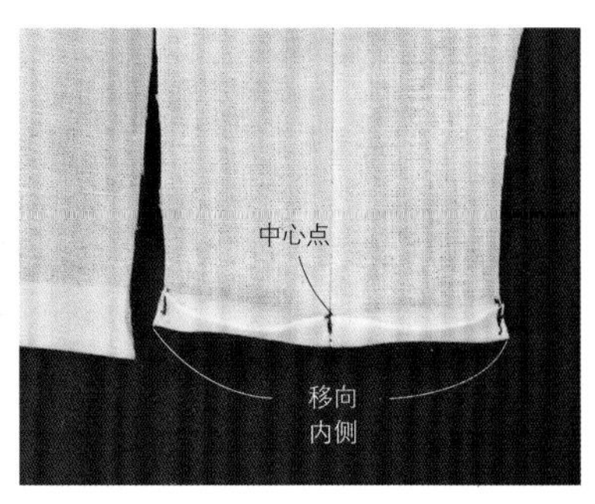

24 折回的布料比裤脚的长度略长，将两端稍稍移向内侧，保持松弛的样子，钉缝两端。

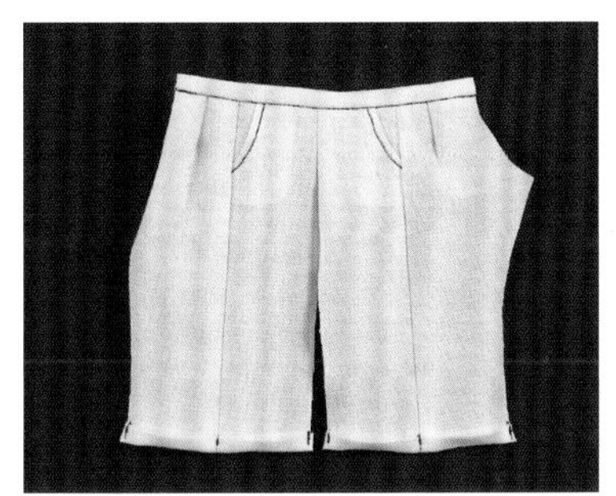

25 以同样的方法折叠另一侧长裤的裤脚，钉缝。

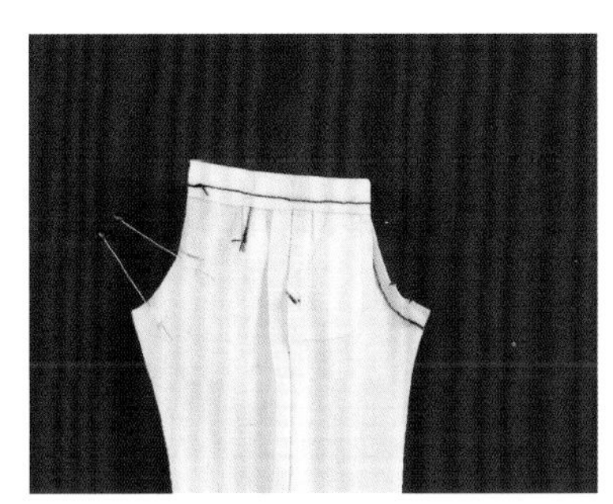

26 正面相对对齐长裤后侧中心，用珠针固定。

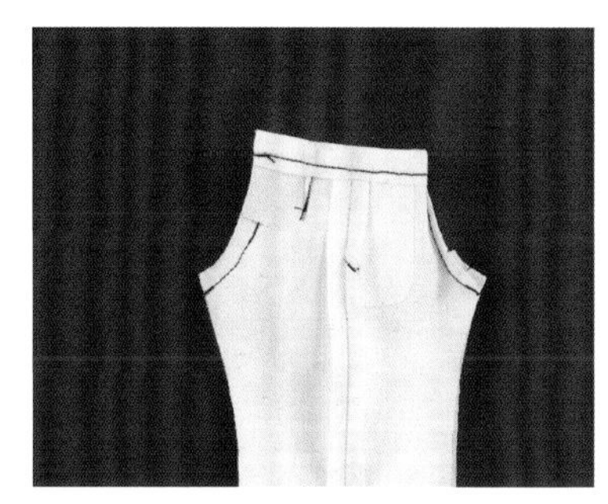

27 缝合后侧中心至开口止缝点。

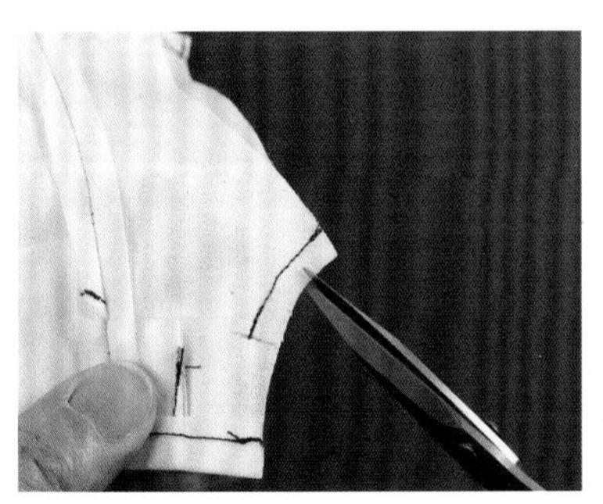

28 为了使后侧中心的弧线更顺畅自然，在缝份上剪出牙口。

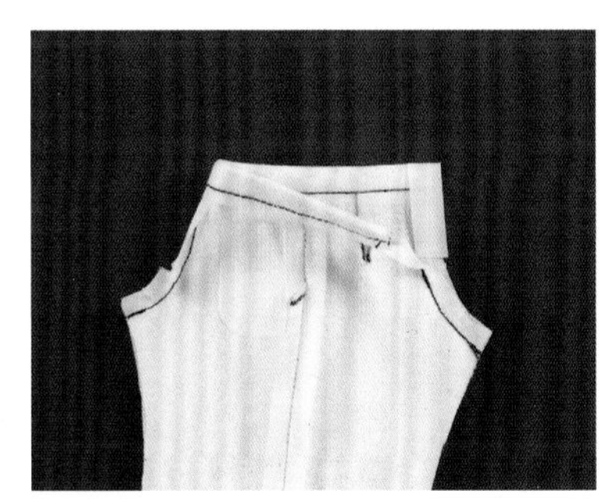

29 在长裤背面打开背后开口，缝制魔术贴。首先重叠背后开口，在下方一侧放置魔术贴的钩面。

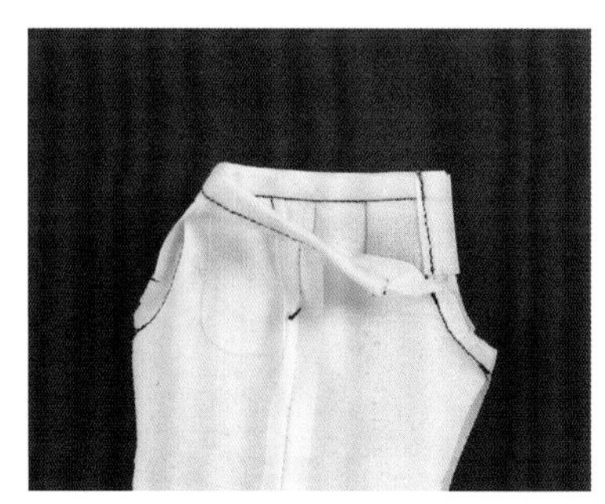

30 沿着后侧中心的延长线，在背后开口处缝制魔术贴的钩面。

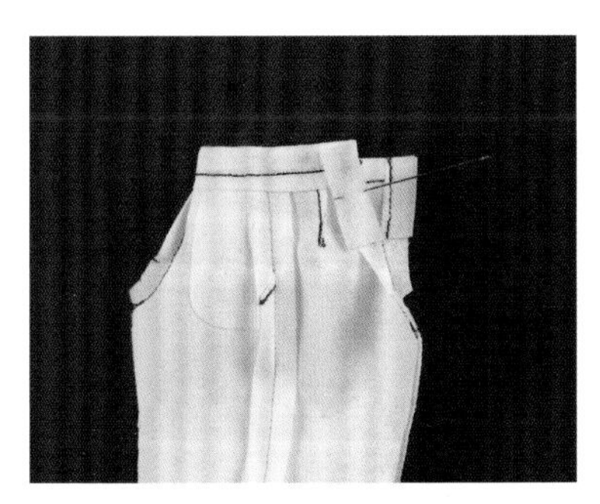

31 在背后开口的上方一侧放置魔术贴的毛面，用珠针固定。

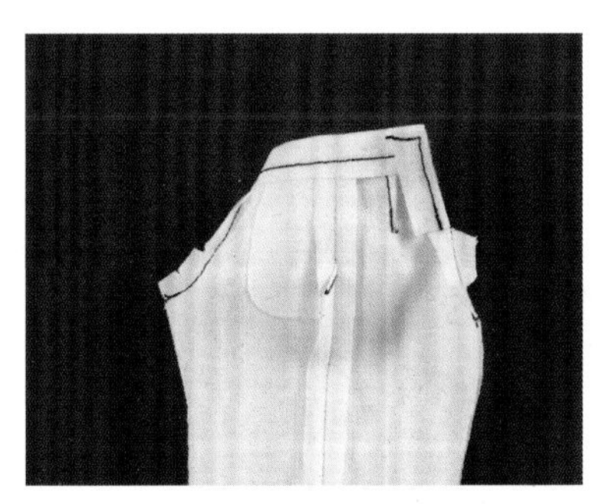

32 从背后开口和魔术贴的正面进行缝制，缝制腰部和开口的两条边。

33 魔术贴缝制完成。

34 正面相对对齐长裤的股下，按照中心、裤脚、股下的顺序用珠针固定。

35 缝合股下。

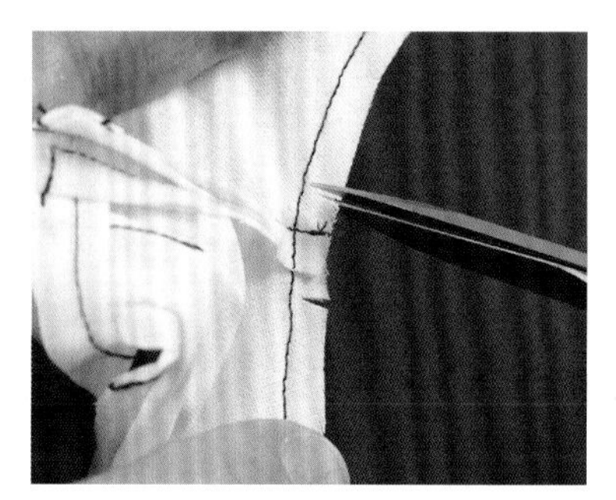

36 为了使股下平整不起皱，在缝份上剪出牙口。

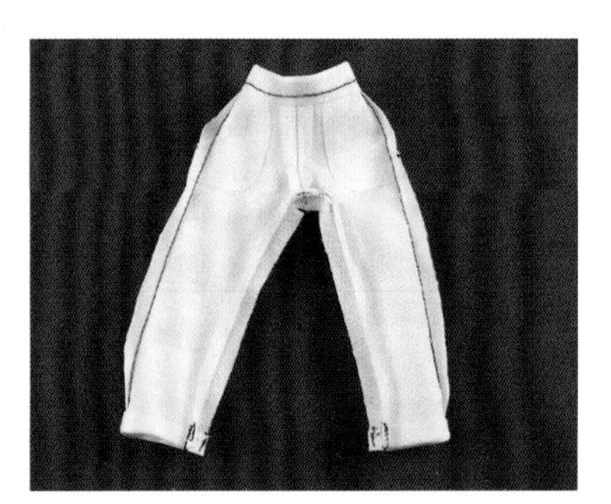

37 使用熨斗熨开股下的缝份。

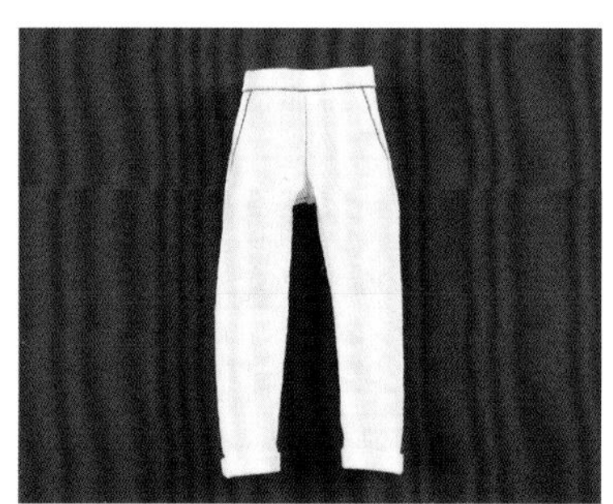

38 将长裤翻回正面。

39 把左、右裤腿从中心处折叠，使用熨斗，以股下为中心熨烫。

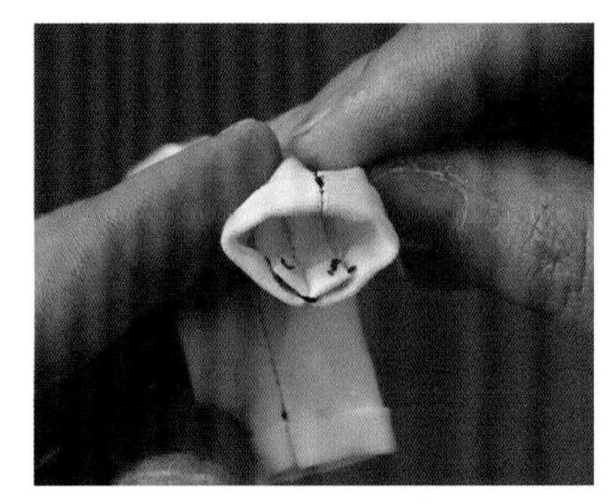

40 使用熨斗熨烫时，注意将股下的缝份打开熨平。

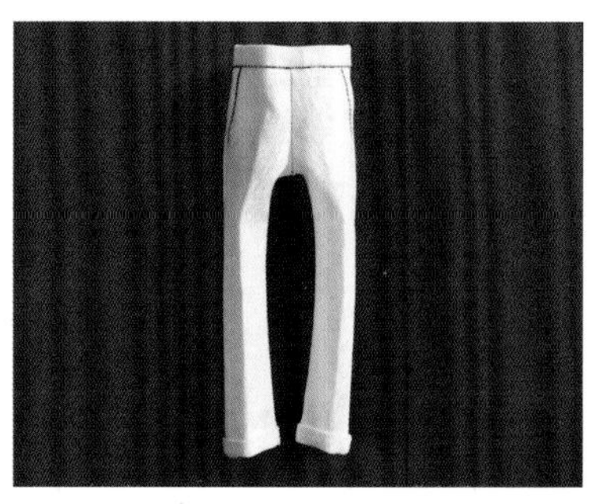

41 使用熨斗整烫，完成长裤。

arrange 长裤的穿搭方法

如果要把衬衣束入裤腰，可以将腰部的尺寸稍稍放大。

推荐使用具有弹力的全棉布料或细条纹的灯芯绒布料。

三分娃娃（例如 48cm、55cm）可以使用更厚实一些的布料，可选择的范围就更大了。

☆六分娃娃（例如27 cm、28 cm）的长裤上可以缝制口袋布。为了不使口袋部分过厚，请选择使用较薄的面料

Lesson 6 背心

背心

20cm 尺寸实物大纸型

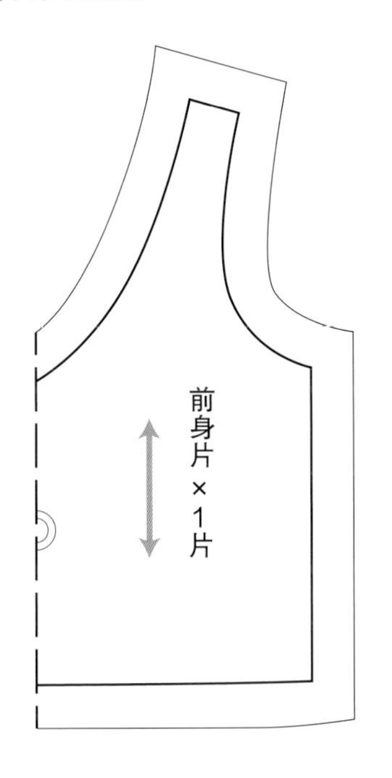

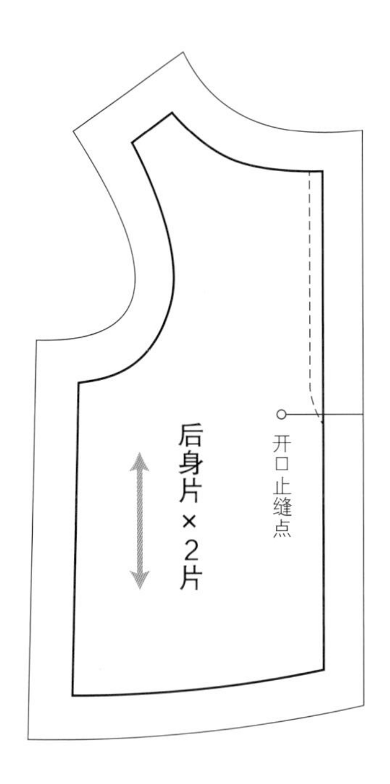

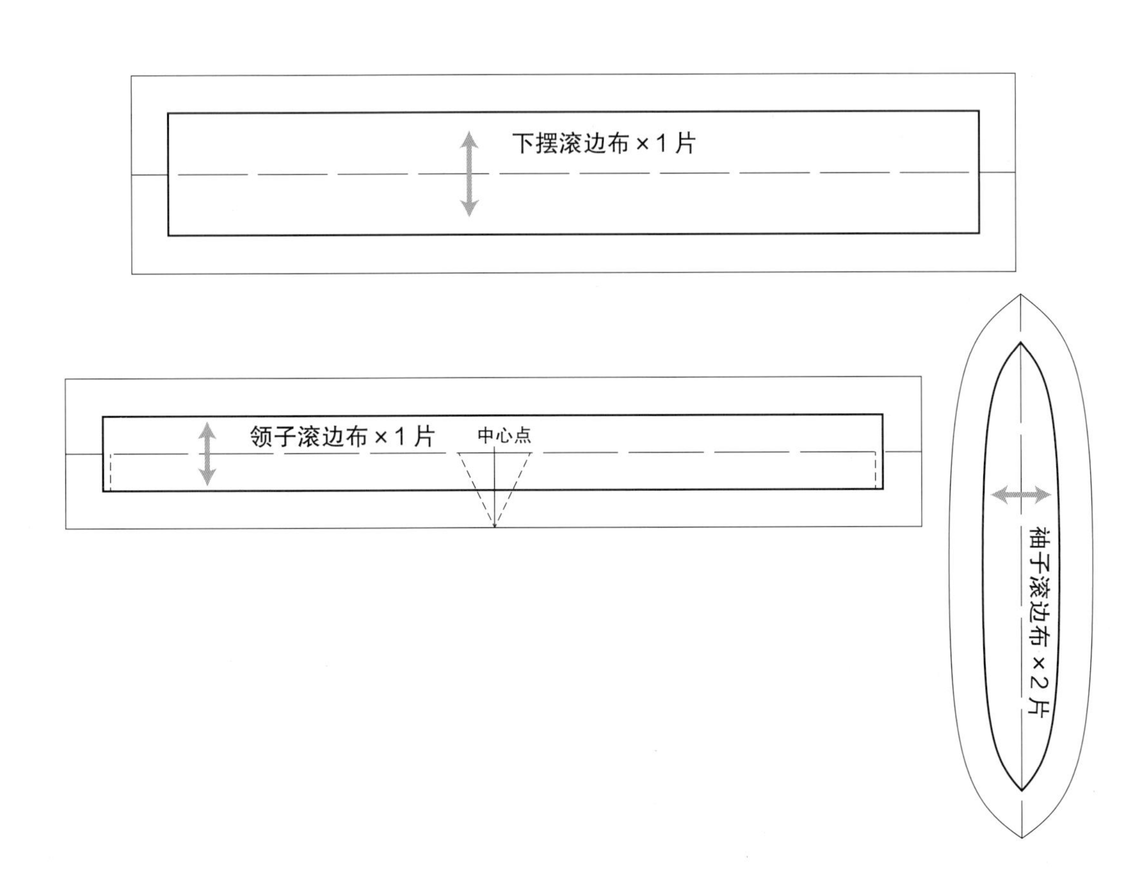

背心

所需材料 ※以ruruko为模特。

布料・・・16cm×22cm

背后开口用珠子・・・1颗

背心

各尺寸的适用范围

制作步骤页面使用的是以ruruko男孩为模特的20cm尺寸。
纸型共登载了11cm、20cm、27(28)cm、48(55)cm四种尺寸。

11cm尺寸

这里的11cm尺寸是以OBITSU 11cm素体为模特。
适用本书11cm尺寸的娃娃有OBITSU 11cm素体、黏土人(女孩、男孩)、PiccoNeemo S素体。
所有适用的娃娃都可以穿着。

20cm尺寸

这里的20cm尺寸是以ruruko男孩(PureNeemo男孩S素体)为模特。
适用本书20cm尺寸的娃娃有ruruko、PureNeemo XS素体、兔子娃娃、丽佳、Blythe(小布)、PureNeemo S素体、PureNeemo男孩S素体。
所有适用的娃娃都可以穿着。

27(28)cm尺寸

这里的27(28)cm尺寸是以六分男子图鉴(Eight)为模特。
适用本书27(28)cm尺寸的娃娃有momoko、六分男子图鉴(Eight&Nine)、U-Noa Quluts Light荒木(Flourite&Azurite)、珍妮、FR Nippon Misaki。
所有适用的娃娃都可以穿着。

48(55)cm尺寸

这里的48(55)cm尺寸是以OBITSU 55cm素体为模特。
适用本书48(55)cm尺寸的娃娃有U-Noa Quluts荒木女孩、Blue Fairy女孩(Tiny Fairy)、OBITSU 48cm素体(S、M胸)、OBITSU 50cm素体(S、M胸)、OBITSU 55cm素体、LUTS女孩(Kid Delf、Senior Delf)。
U-Noa Quluts荒木女孩和Blue Fairy女孩(Tiny Fairy)、LUTS女孩(Kid Delf)背心偏大,OBITSU 48cm、50cm、55cm素体刚好合身。LUTS女孩(Senior Delf)胸部略紧。

※娃娃的分类、各尺寸的适用范围均出自日本株式会社图像出版社的调查。请勿向生产厂商咨询。

背心的制作方法

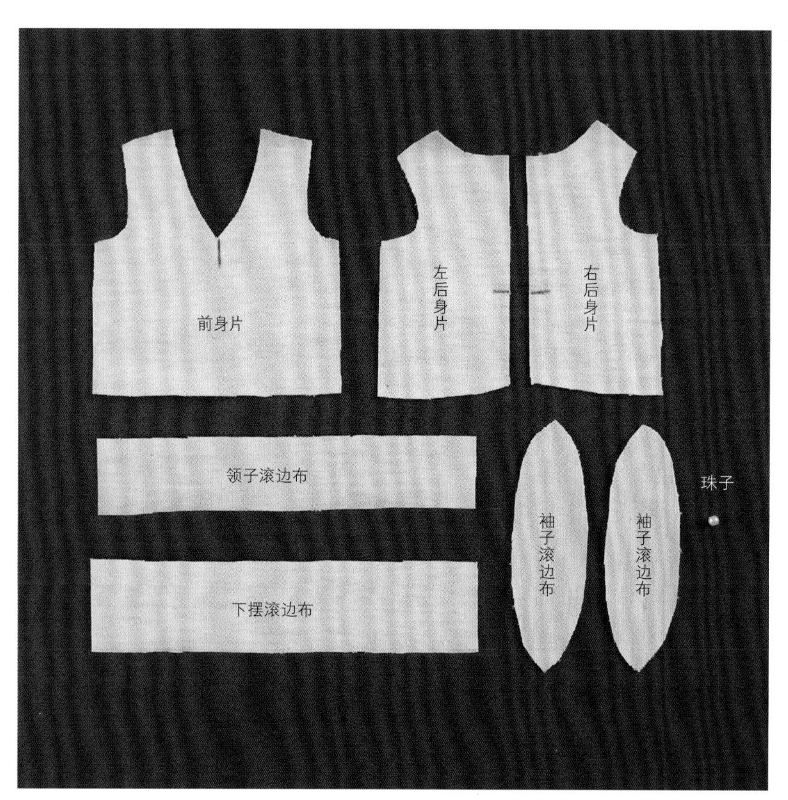

1 裁剪布料，做好需要的记号点。针织布料不会绽线，不涂锁边液也没有关系。
*纸型中的后身片，面料是按照左、右对称的方式裁剪出2片。

2 正面相对对齐前身片和左、右后身片，缝合肩部。

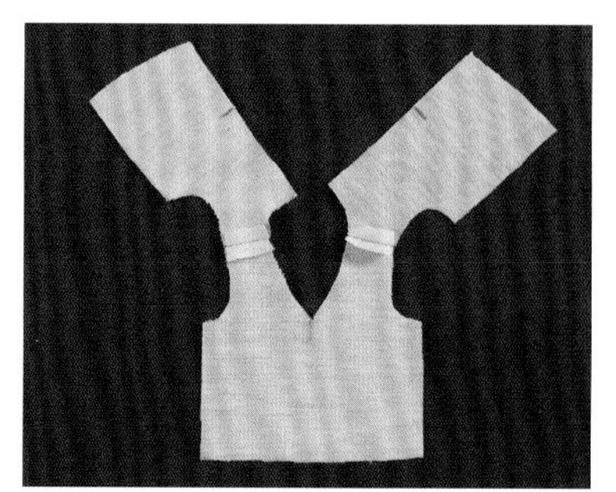

3 使用熨斗熨开肩部缝份。

4 分别对折领子滚边布、下摆滚边布、袖子滚边布，使用布用胶粘贴，用熨斗熨烫。

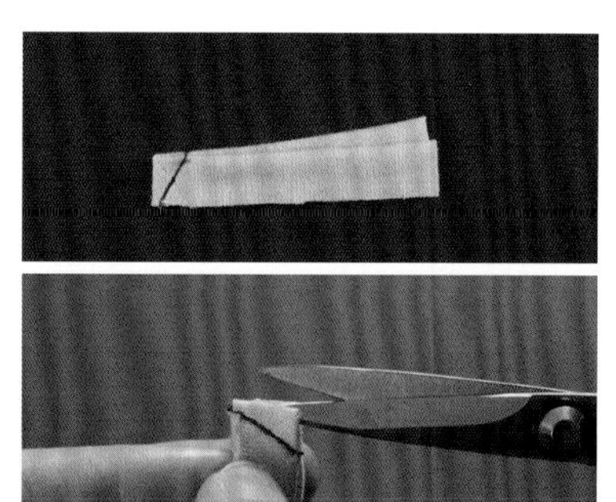

5 领子滚边布从中心对折，缝制在记号线上（上），中心剪出牙口（下）。

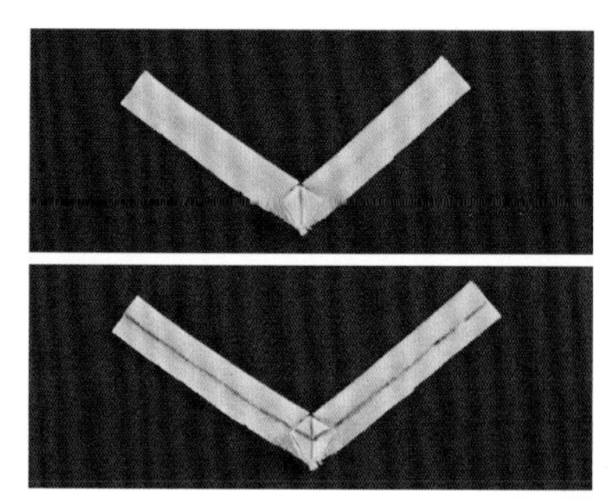

6 将领子滚边布从剪好牙口的中心打开，使用熨斗熨烫（上），画好需要缝制的记号线（下）。

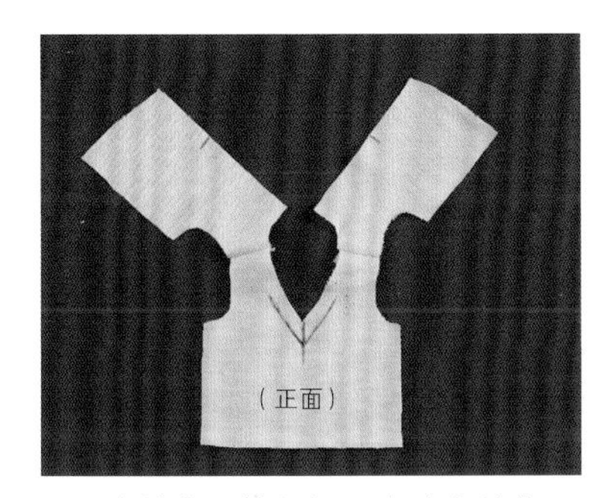

7 在前身片缝制领子滚边布的位置做好记号。

8 前身片和领子滚边布做好标记。

9 对齐衣身领围的中心点和领子滚边布的中心点，用珠针固定。

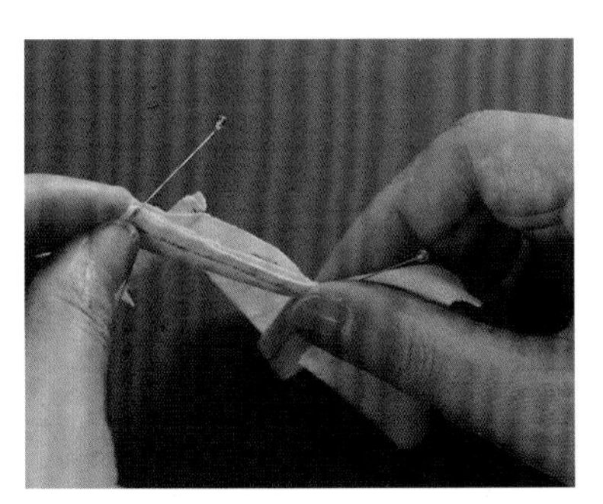

10 对齐领子滚边布和领围的一端，用珠针固定。

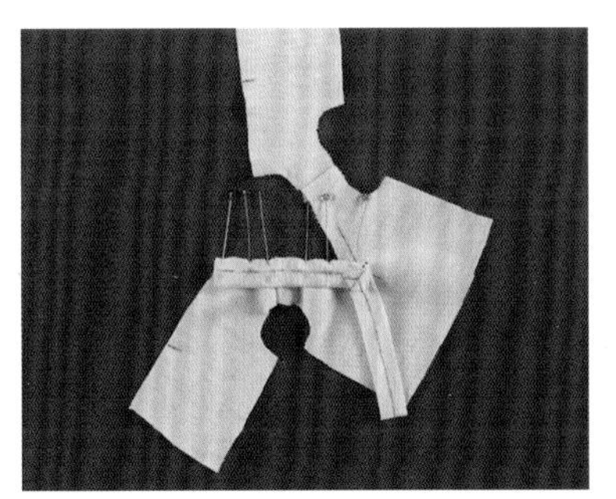

11 稍稍拉伸领子滚边布到和领围长度一致，用珠针固定。

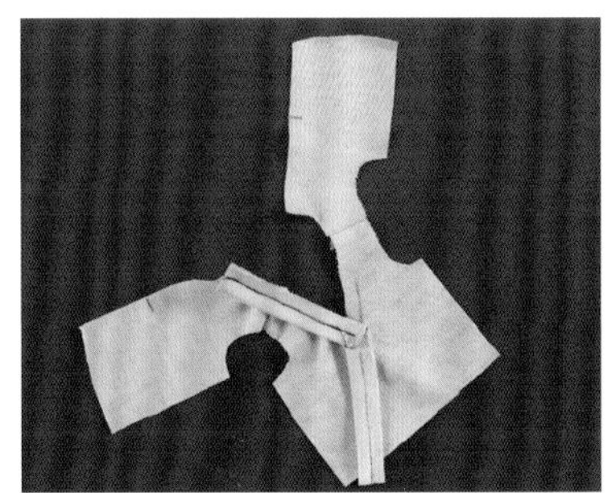

12 沿领子滚边布上的记号线缝合衣身和领子滚边布。

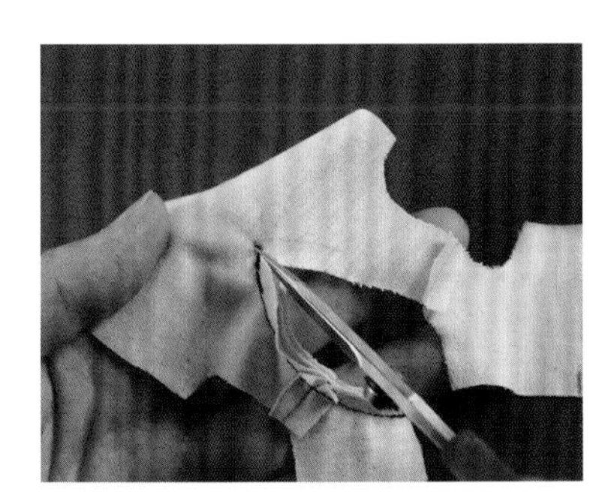

13 一侧的领子滚边布和衣身缝合完成，在衣身领围的中心剪牙口，使领子的V形部分平整服帖。

14 以同样的方法对齐另一侧的领子滚边布和衣身，用珠针固定。

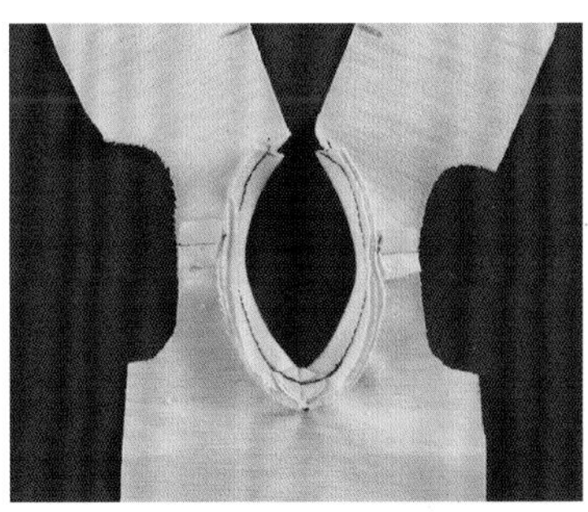

15 衣身和领子滚边布缝合完成，缝份倒向衣身一侧，使用熨斗熨烫。

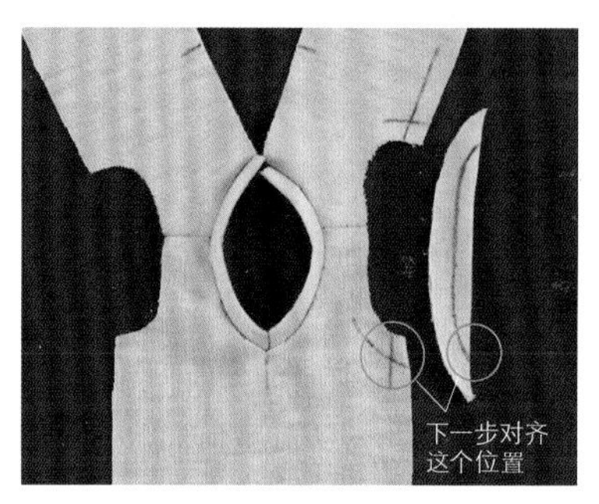

16 在衣身袖窿缝制袖子滚边布的位置做好记号，袖子滚边布上也画好需要缝制的记号线。

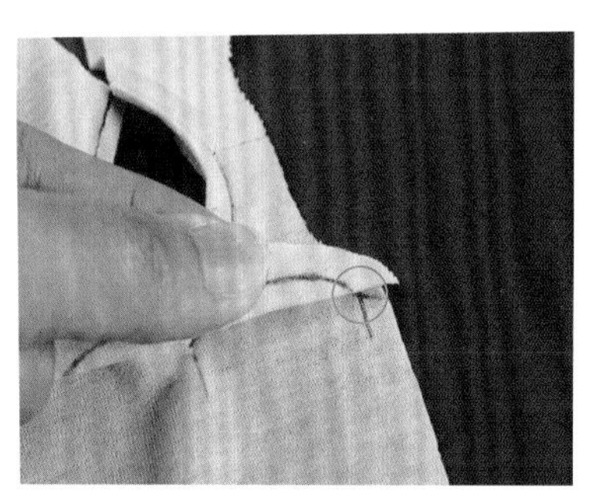

17 正面相对，对齐前身片上缝制袖子滚边布的位置和袖子滚边布记号线的一端。

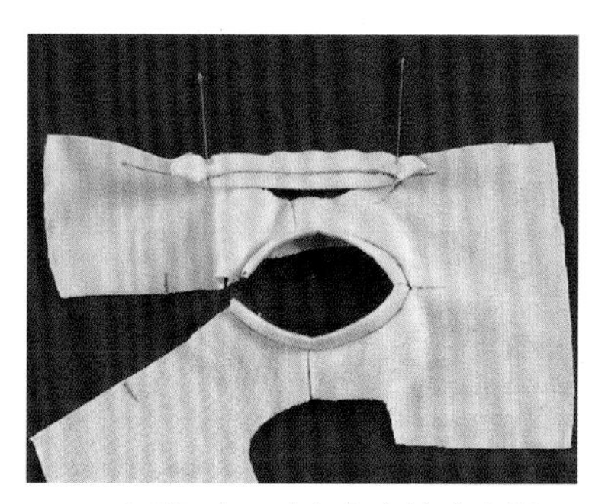

18 正面相对，对齐衣身袖窿和袖子滚边布的两端，用珠针固定。拉伸袖子滚边布到和袖窿长度一致，沿袖窿再固定几根珠针。

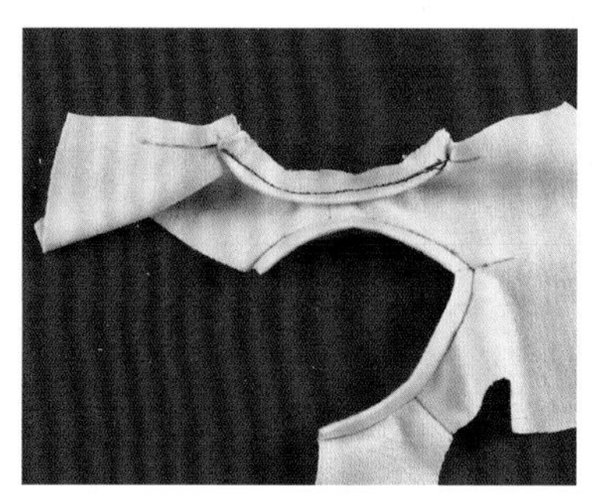

19 缝合衣身袖窿和袖子滚边布。

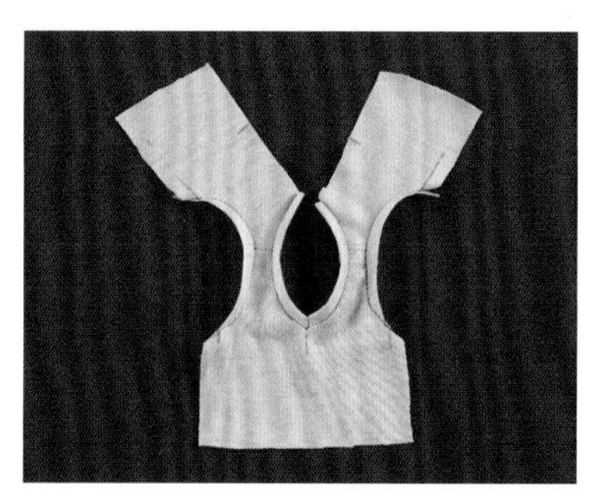

20 以同样的方法缝制另一侧的袖子滚边布。

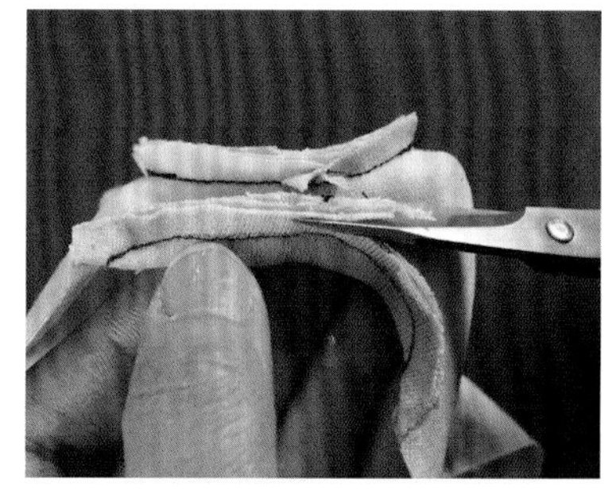

21 为使缝份的宽度不超过肩部的宽度，将袖窿和袖子滚边布的缝份裁剪去一半。

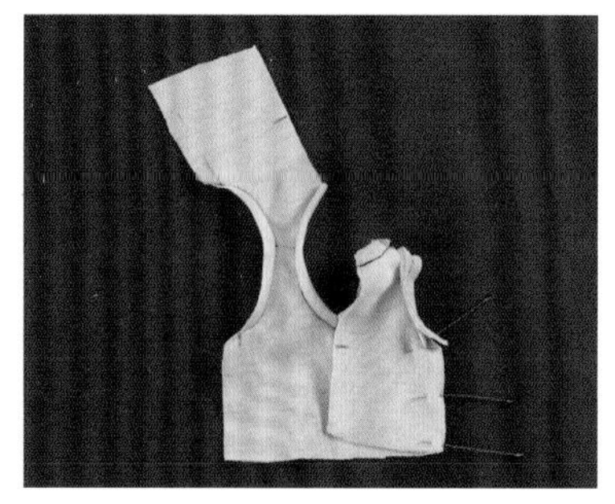

22 正面相对对齐衣身的侧边，用珠针固定。

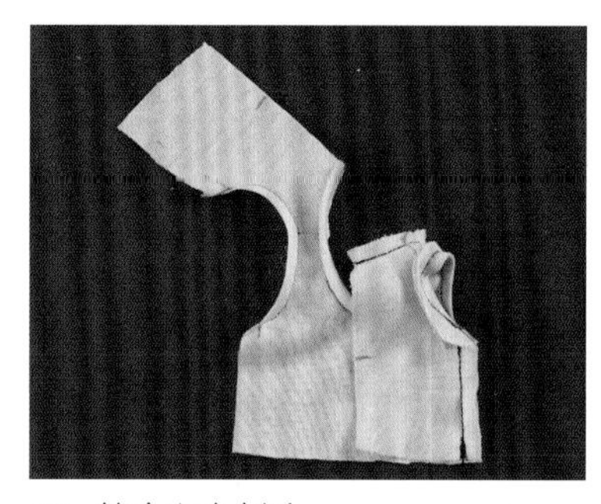

23 缝合衣身侧边。

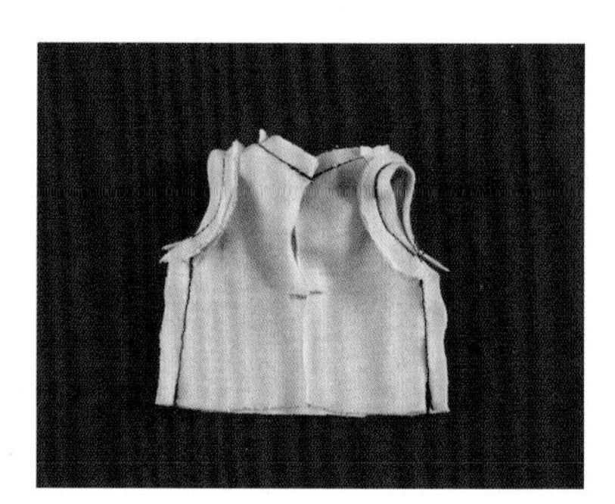

24 以同样的方法缝合另一条侧边。

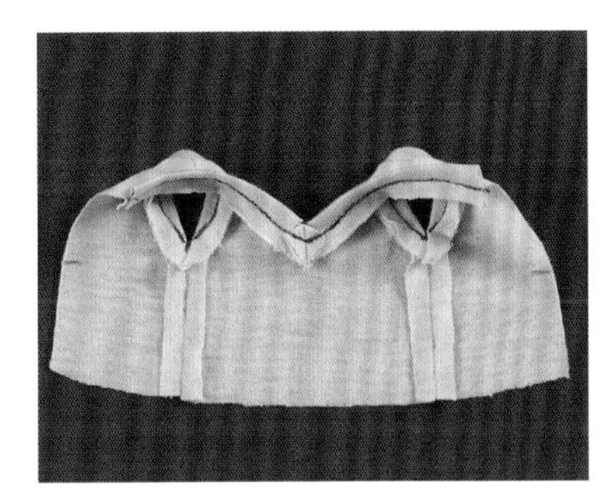

25 使用熨斗熨开侧边的缝份。

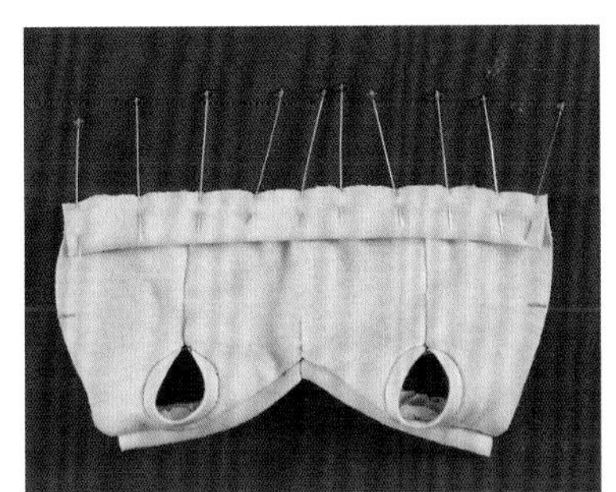

26 正面相对对齐衣身下摆和下摆滚边布，两端用珠针固定，拉伸下摆滚边布和下摆长度一致，用珠针固定。

27 缝合衣身下摆和下摆滚边布。

28 缝份倒向衣身一侧，使用熨斗熨烫。

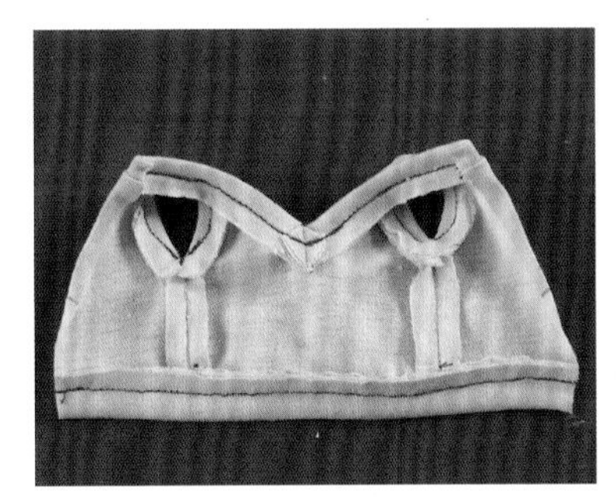

29 折叠背后开口，折至开口止缝点稍微偏下的位置。

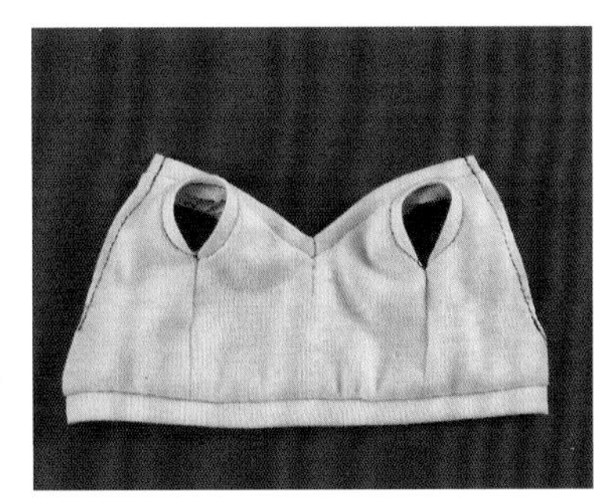

30 压缝折叠好的背后开口，缝至开口止缝点。

31 正面相对对齐后侧的中心，用珠针固定。

32 缝合后侧的中心，缝至开口止缝点。

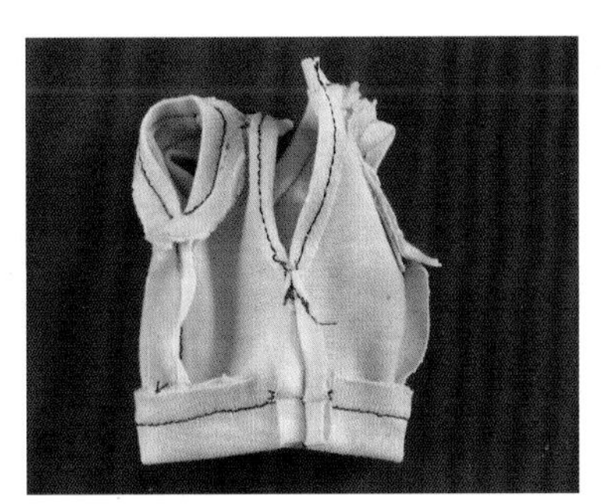

33 使用熨斗熨开后侧的中心的缝份。

34 将衣身翻回正面，使用熨斗整烫。

35 同样使用熨斗整烫背面。

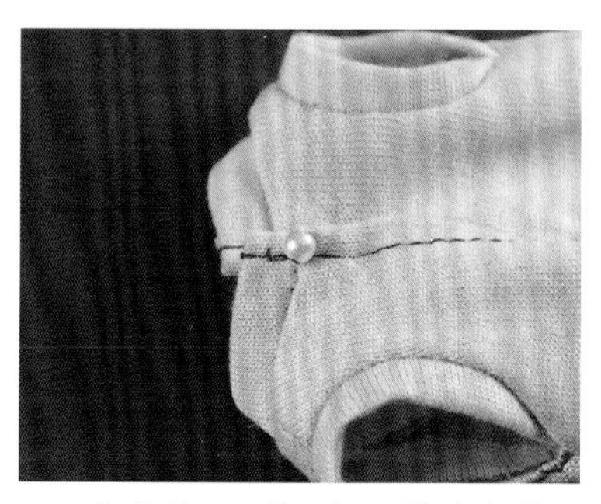

36 在背后开口处、领子滚边布的下方钉缝珠子。

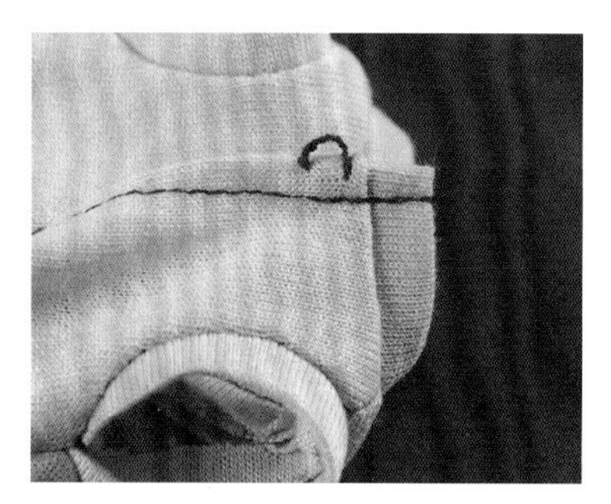

37 在另一侧钉缝线环。线环的制作方法参照p.23。

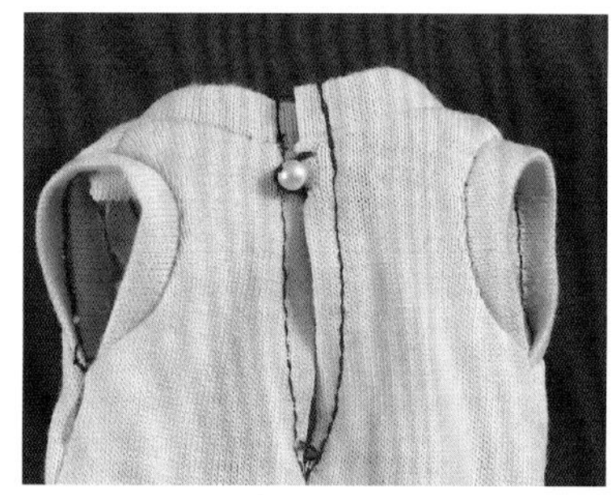

38 扣好线环和珠子，完成背心。

arrange 背心的穿搭方法

滚边布的部分需要稍加拉伸再进行缝制，选择布料时请先试着拉伸一下，
避免使用一些回弹性不好的布料（会使完成的背心松松垮垮）。
使用竹节针织布料制作的背心很适合搭配衬衫，如果换作羊毛混纺布料制作，会更具有温暖感。
十二分至六分娃娃（例如 20cm、27cm、28cm）请选择薄款的布料。
背后开口的珠子推荐使用 3mm 的珍珠。

55cm 尺寸

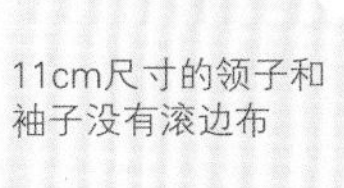
11cm尺寸的领子和
袖子没有滚边布

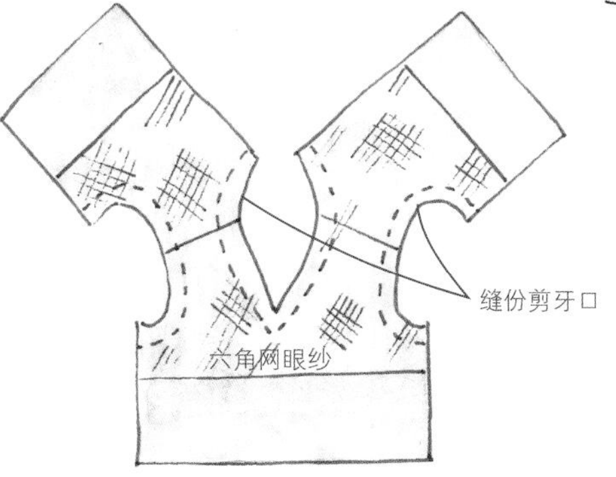

正面与六角网眼纱对齐，
缝合领围和袖窿，裁剪去
多余的六角网眼纱，使用
返里钳小心地翻回正面

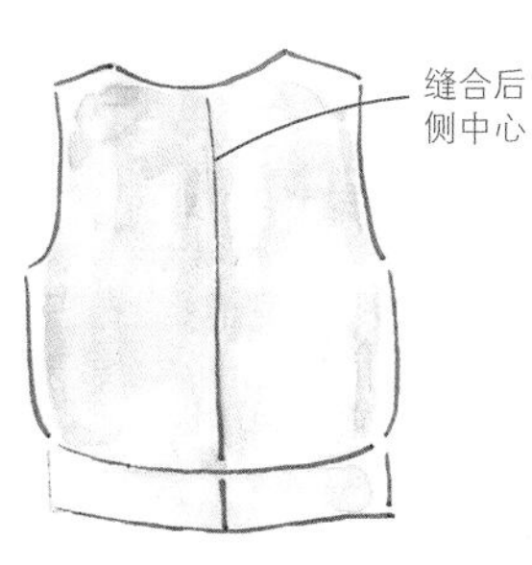

背后不留开口，娃娃穿脱背
心时需要先取下头部，如果
需要制作背后开口，和示范
教程的制作方法一致

Lesson 7　斗篷

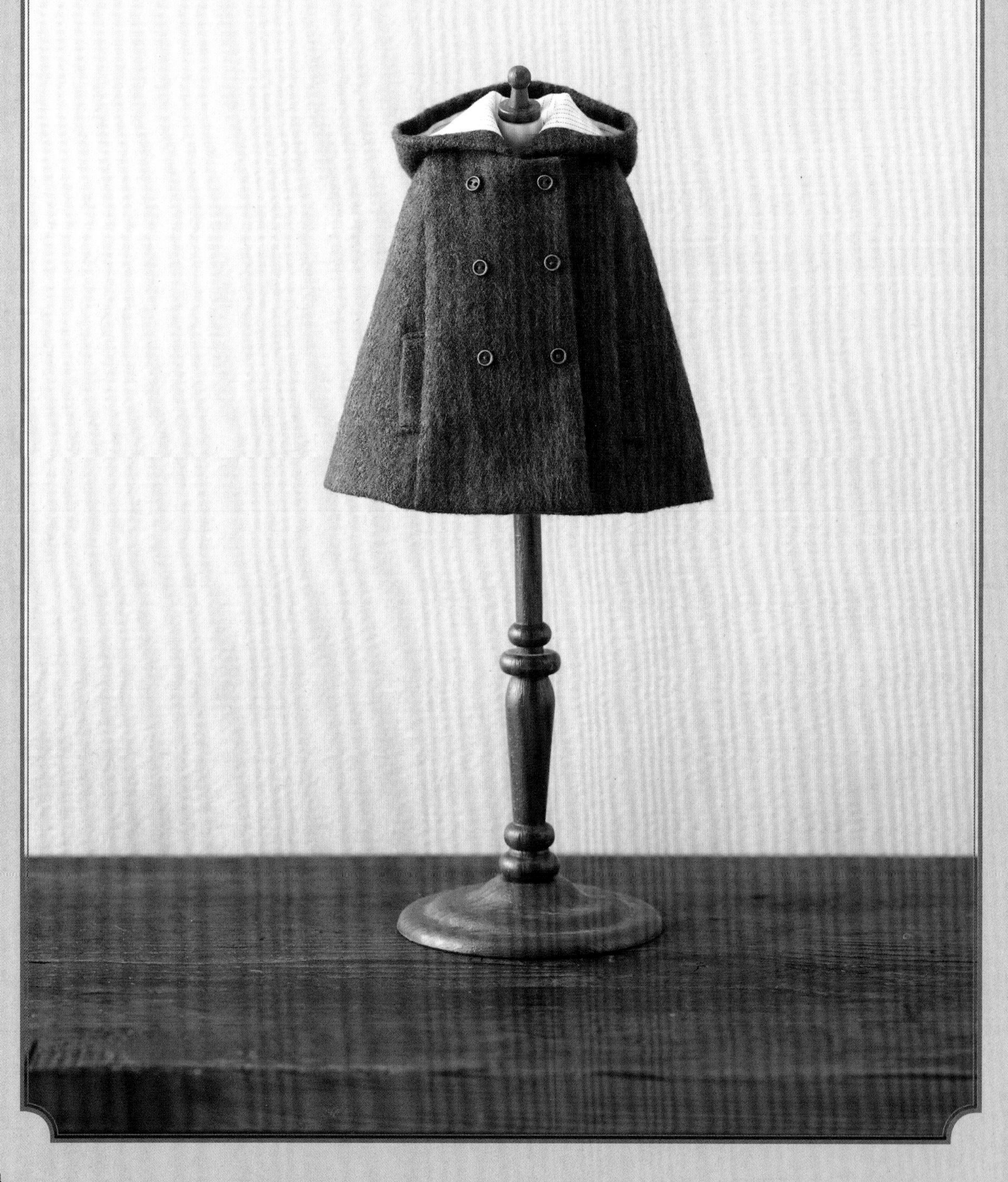

斗篷

20cm 尺寸实物大纸型

前身片里衬 ×2片

缝帽子位置

贴边

前身片 ×2片

后身片 ×2片

后身片里衬 ×2片

返口

肩部中心点

侧边 ×2片

口袋位置

前

后

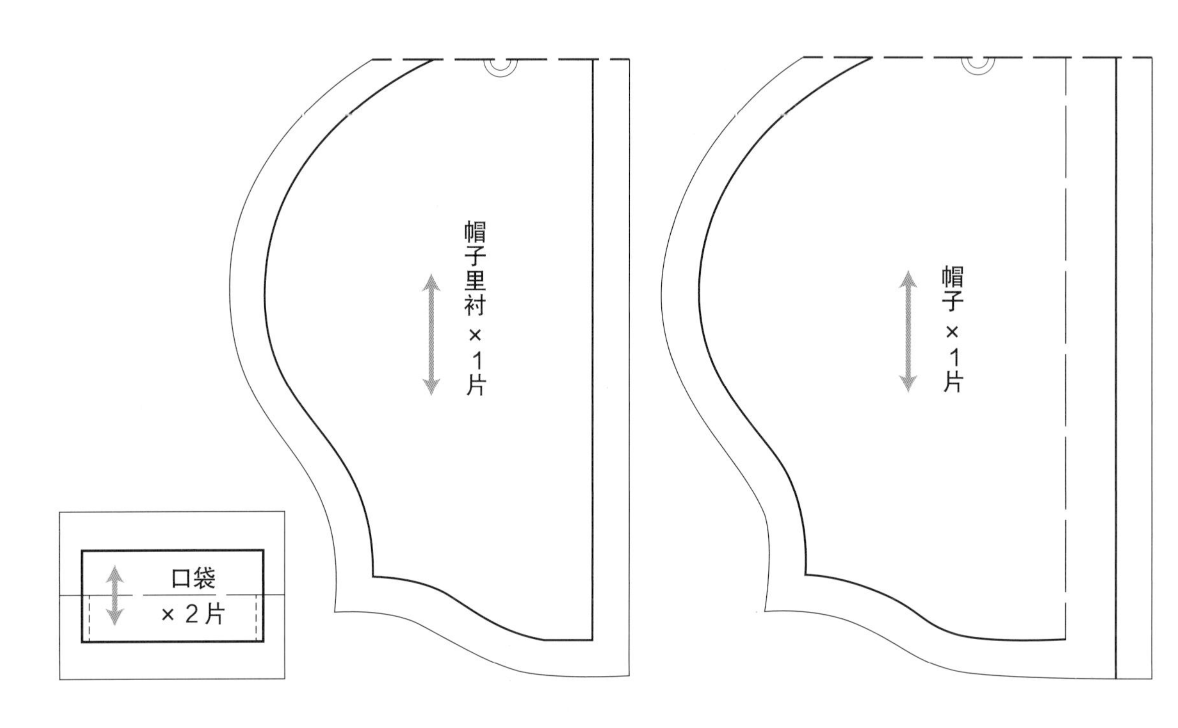

斗篷

所需材料 ※以ruruko为模特。

表布用布料・・・27cm×27cm

里衬用布料・・・25cm×23cm

衣身装饰用扣（珠子）・・・依喜好准备

前侧开口用钩扣（仅钩部分）・・・1个

斗篷

各尺寸的适用范围

制作步骤页面使用的是以ruruko为模特的20cm尺寸。
纸型共登载了11cm、20cm、27（28）cm、48（55）cm四种尺寸。

11cm尺寸

这里的11cm尺寸是以OBITSU 11cm素体为模特。
适用本书11cm尺寸的娃娃有OBITSU 11cm素体、黏土人（女孩、男孩）、PiccoNeemo S素体。
所有适用的娃娃都可以穿着。

20cm尺寸

这里的20cm尺寸是以ruruko（PureNeemo XS素体）为模特。
适用本书20cm尺寸的娃娃有ruruko、PureNeemo XS素体、兔子娃娃、丽佳、Blythe（小布）、PureNeemo S素体、PureNeemo男孩S素体。
所有适用的娃娃都可以穿着。兔子娃娃斗篷略偏长。

27（28）cm尺寸

这里的27（28）cm尺寸是以momoko为模特。
适用本书27（28）cm尺寸的娃娃有momoko、六分男子图鉴（Eight&Nine）、U-Noa Quluts Light荒木（Flourite&Azurite）、珍妮、FR Nippon Misaki。
所有适用的娃娃都可以穿着。六分男子图鉴（Nine）的肩部略紧。

48（55）cm尺寸

这里的48（55）cm尺寸是以Alice Time of Grace Ⅲ（OBITSU 48cm素体S胸）为模特。
适用本书48（55）cm尺寸的娃娃有U-Noa Quluts荒木女孩、Blue Fairy女孩（Tiny Fairy）、OBITSU 48cm素体（S、M胸）、OBITSU 50cm素体（S、M胸）、OBITSU 55cm素体、LUTS女孩（Kid Delf、Senior Delf）。
U-Noa Quluts荒木女孩和Blue Fairy女孩（Tiny Fairy）、LUTS女孩（Kid Delf）斗篷偏大。OBITSU 48cm、50cm、55cm素体、LUTS女孩（Senior Delf）刚好合身。

※娃娃的分类、各尺寸的适用范围均出自日本株式会社图像出版社的调查。请勿向生产厂商咨询。

斗篷的制作方法

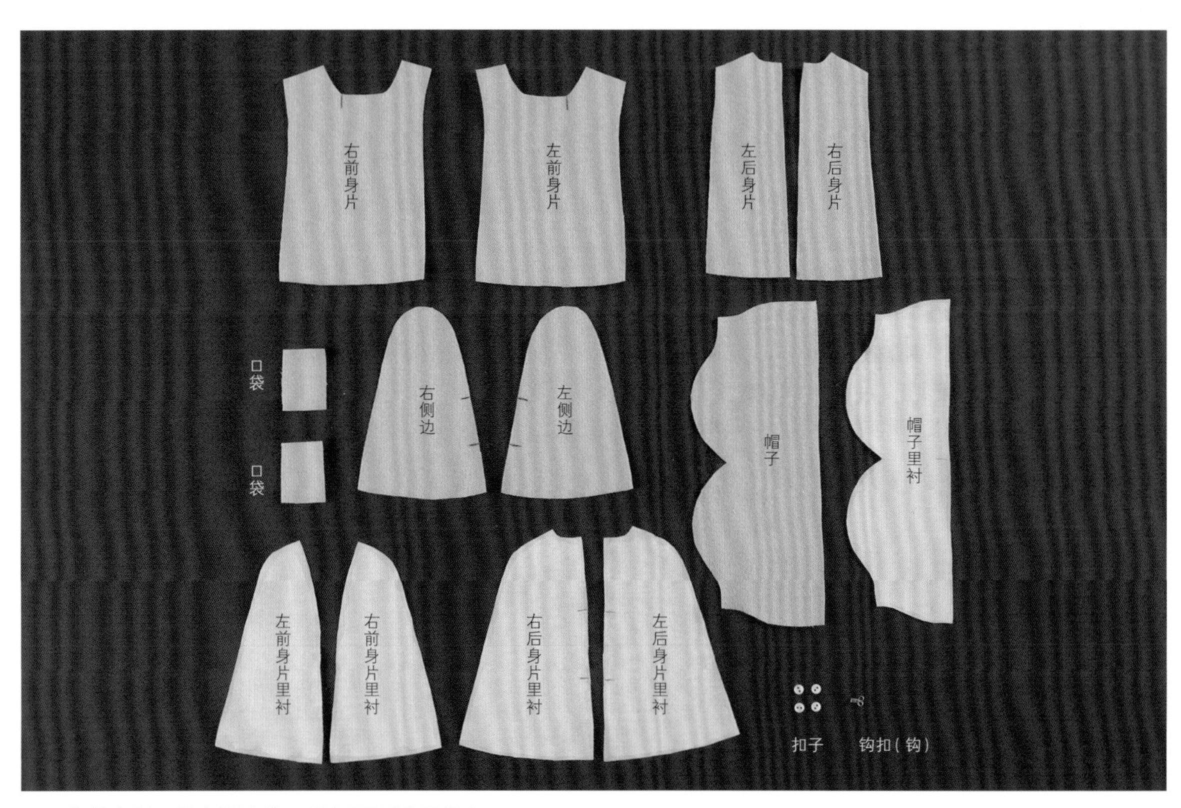

1 裁剪布料，涂上锁边液。做好需要的记号点。
*纸型中的前身片、前身片里衬、后身片、后身片里衬、侧边，面料都是按照左、右对称的方式裁剪出2片。

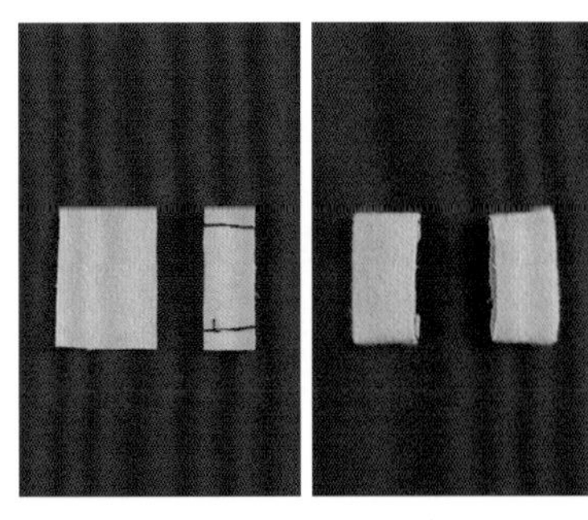

2 将口袋用布对折，缝合上、下两侧(左)，以同样的方法缝制另一片，从开口翻回正面(右)。

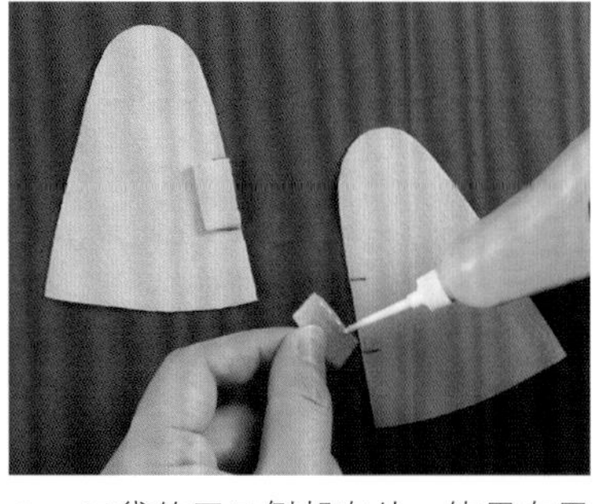

3 口袋的开口侧朝向外，使用布用胶分别粘贴在左、右侧边的口袋位置。

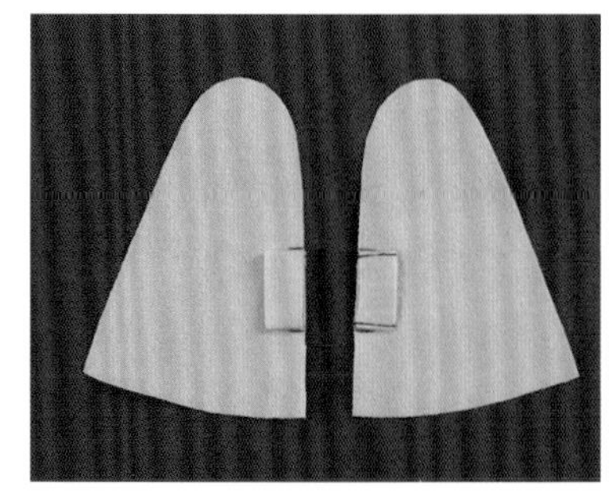

4 钉缝口袋上、下两侧(右)。

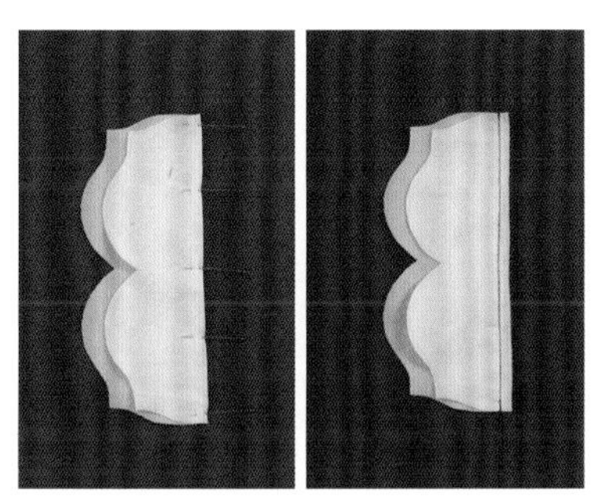

5 正面相对对齐帽子和帽子里衬，用珠针固定（左），缝合（右）。

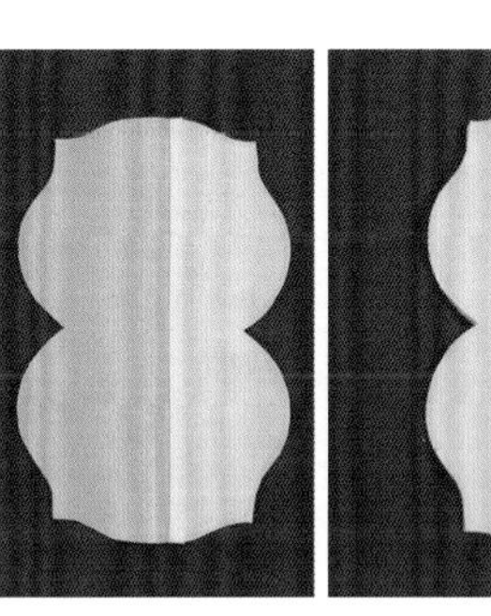

6 缝份倒向里衬一侧，使用熨斗熨烫（左）。对齐帽子两端，左右对折，使用熨斗压烫出折痕（右）。

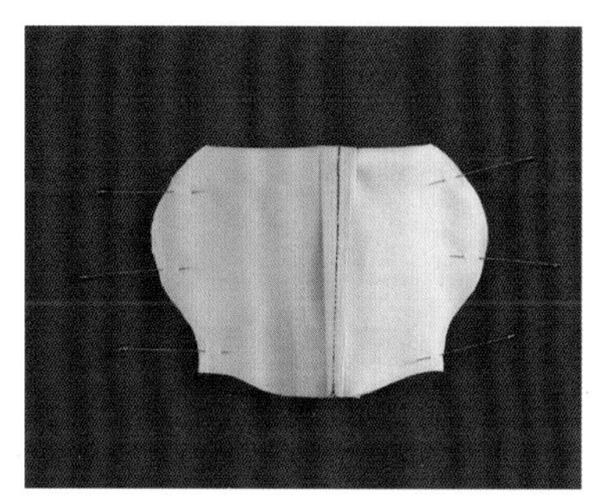

7 展开，再上下对折帽子，沿帽子和帽子里衬的弧线用珠针固定。

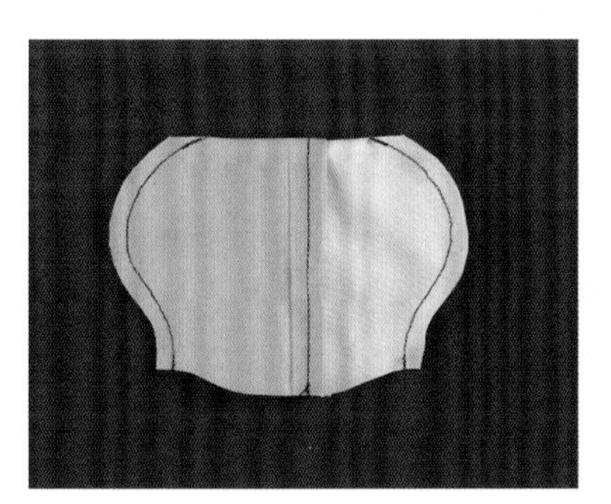

8 缝合帽子和帽子里衬的曲线部分。

9 使用熨斗熨开曲线处的缝份。因为熨烫的是曲线，需要用手从内侧支撑着进行熨烫。请小心防止烫伤。

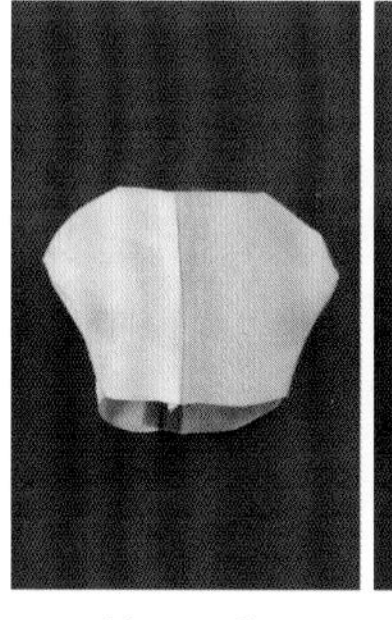

10 从开口翻回正面（左），将里衬沿步骤6的折痕折入帽子里，使用熨斗熨烫（右）。

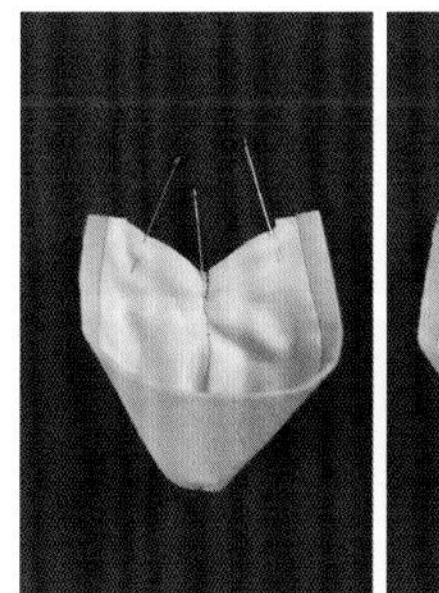

11 对齐帽子里衬和帽子的后侧中心，两边用珠针固定（左）。缝合帽子和帽子里衬（右）。

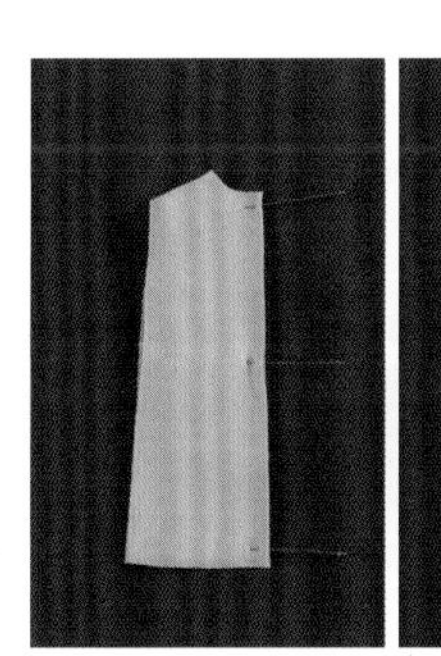

12 正面相对对齐左、右后身片，用珠针固定，缝合。

13 使用熨斗熨开缝份，完成后身片。

14 正面相对对齐后身片和左、右前身片，缝合肩部，使用熨斗熨开缝份。

15 正面相对对齐肩部的缝线和左、右侧边的肩部中心点，用珠针固定。

16 将左侧边和左前身片、左后身片正面相对对齐，粗缝固定。

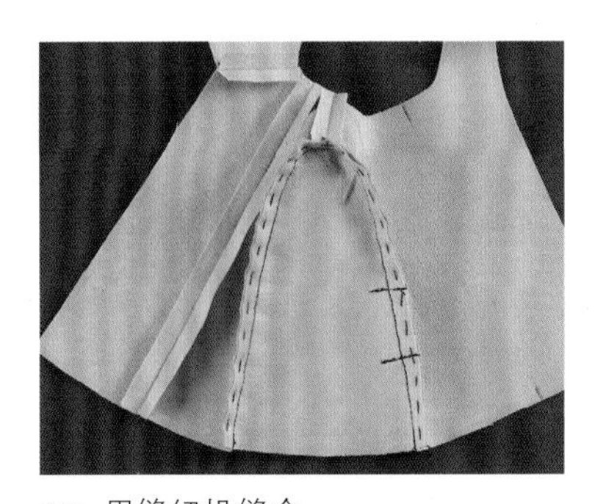

17 用缝纫机缝合。

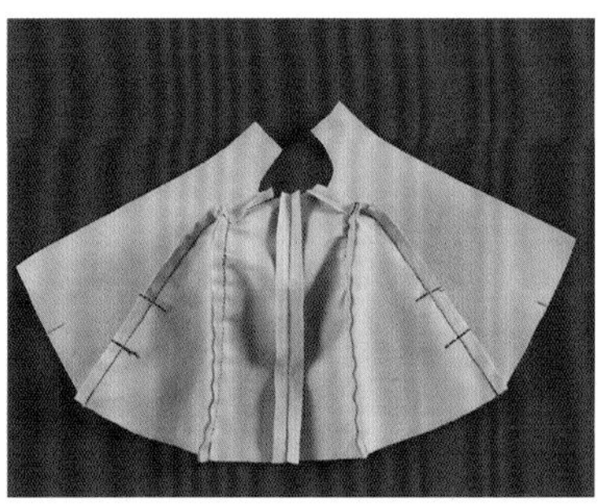

18 以同样的方法缝合右侧边。

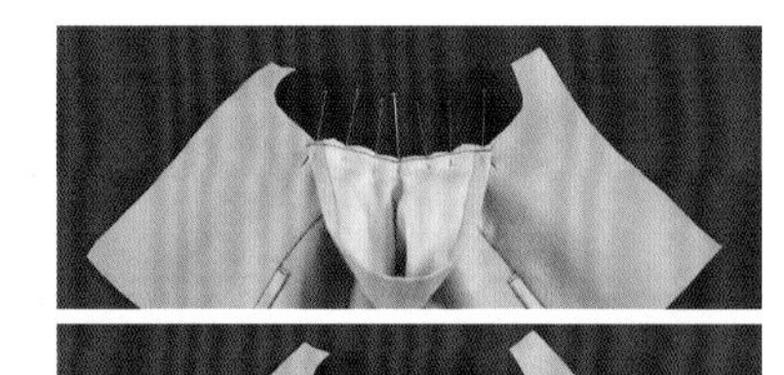

19 对齐斗篷的领围中心点和帽子的后侧中心点，用珠针固定（上），再对齐需要缝制帽子的位置，用珠针固定。领围留出5mm（11cm尺寸留3mm）的缝份，从内侧进行缝合（下）。

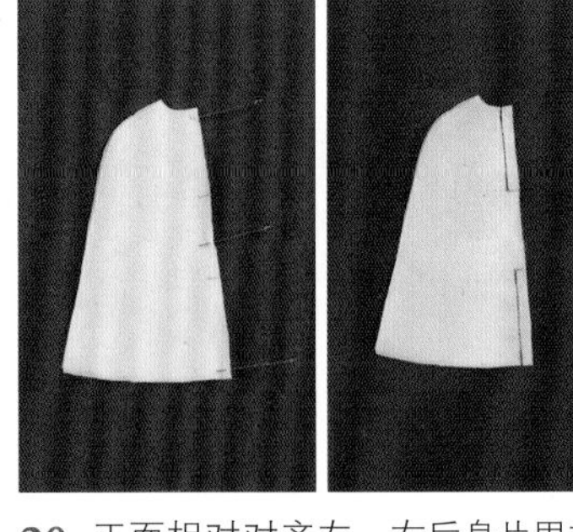

20 正面相对对齐左、右后身片里衬，用珠针固定（左）。留出返口，缝合其他部分（右）。

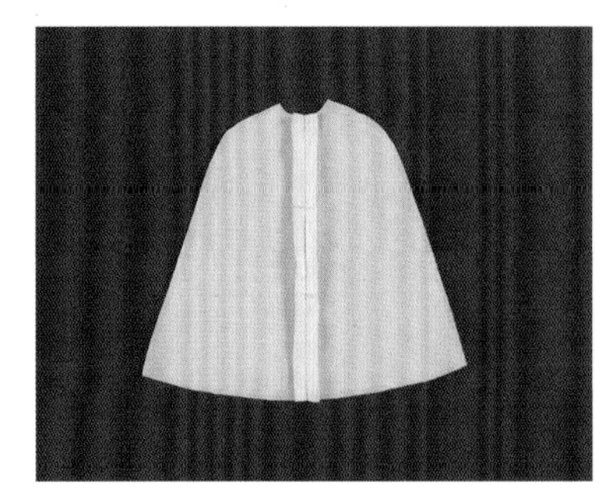

21 使用熨斗熨开缝份。

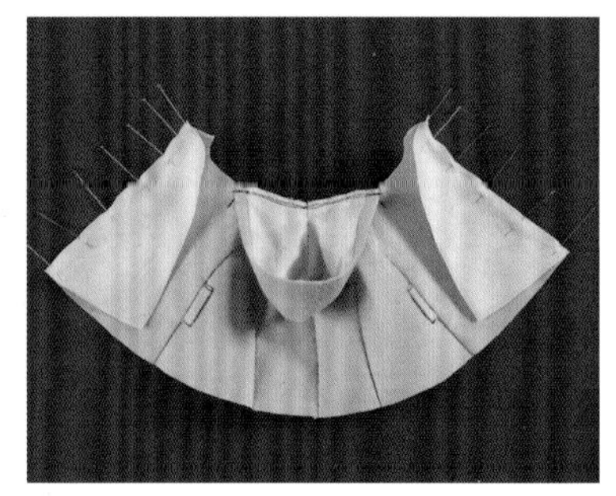

22 正面相对对齐左、右前身片的开口侧和左、右前身片里衬，用珠针固定。

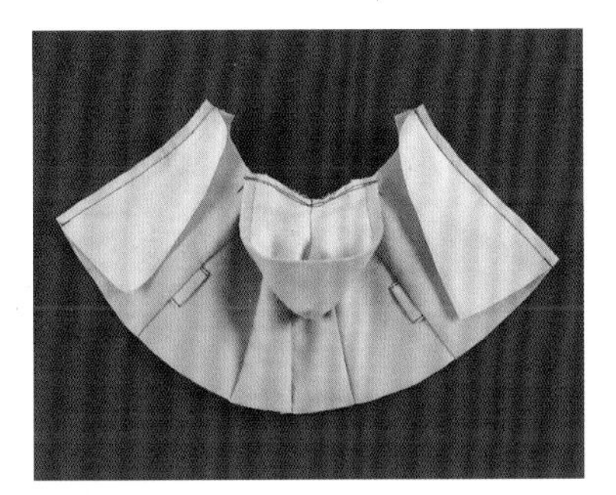

23 缝合前身片和里衬，将缝份倒向里衬一侧，使用熨斗熨烫。

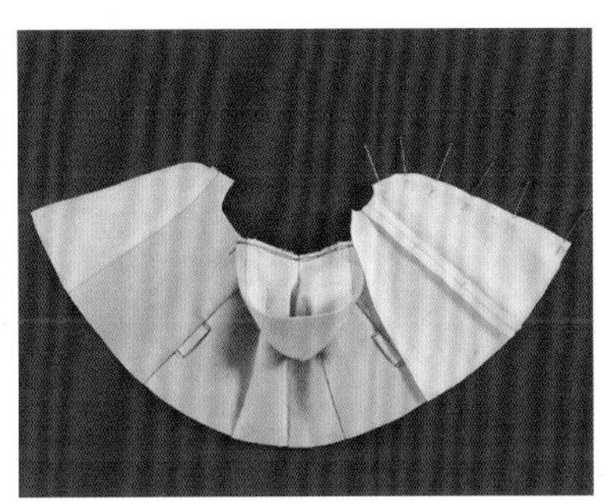

24 正面相对对齐前身片里衬和后身片里衬的一侧，用珠针固定。

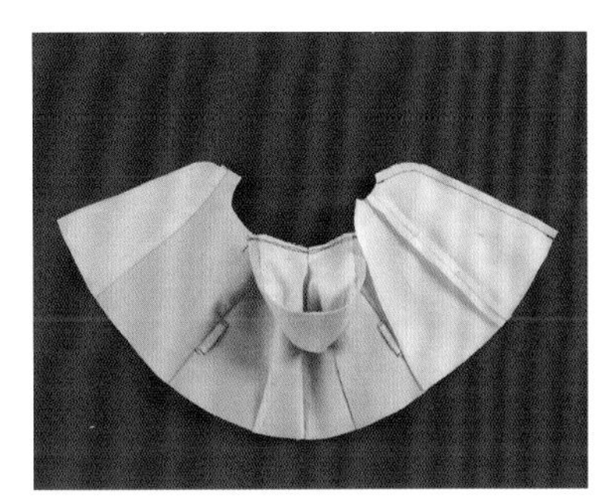

25 缝合里衬。

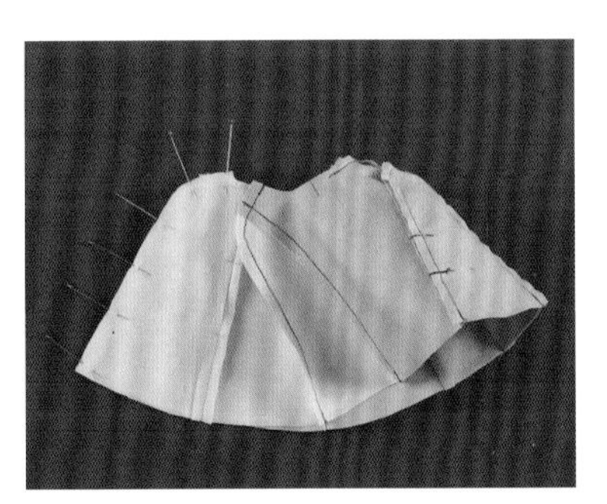

26 以同样的方法，对齐另一侧前身片里衬和后身片里衬，用珠针固定。

27 缝合。

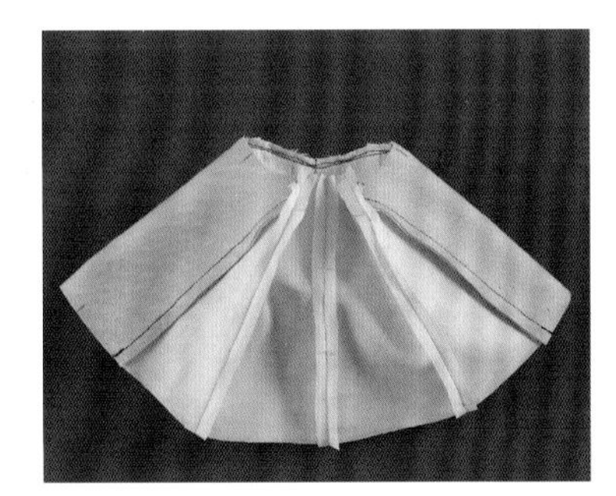

28 折叠前身片的贴边部分。使用熨斗熨开缝份。

29 正面相对对齐衣身表布与里衬的领围，按照中心、两端、中心和两端之间的顺序用珠针固定。

30 缝合衣身表布与里衬的领围。

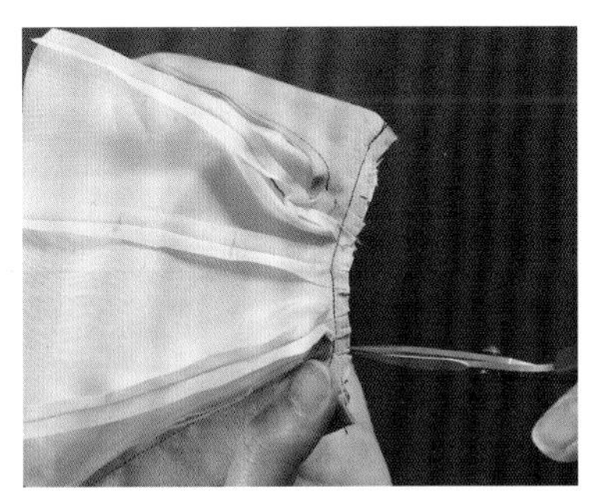

31 为了使领围的弧线更顺畅自然，在领围的缝份上剪出牙口。

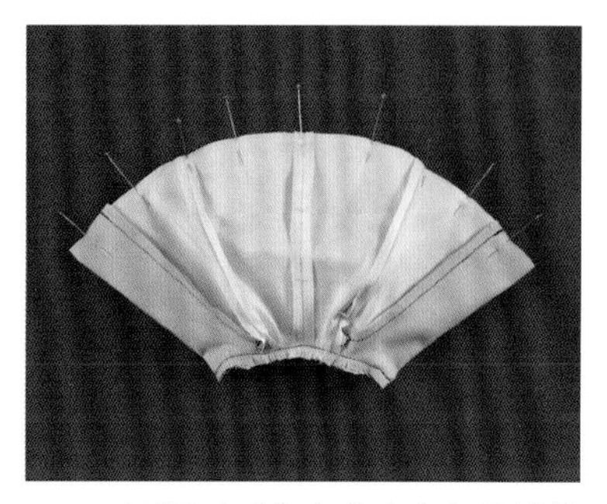

32 正面相对对齐衣身表布与里衬的下摆，按照中心、两端、中心和两端之间的顺序用珠针固定。

33 缝合衣身表布与里衬的下摆。

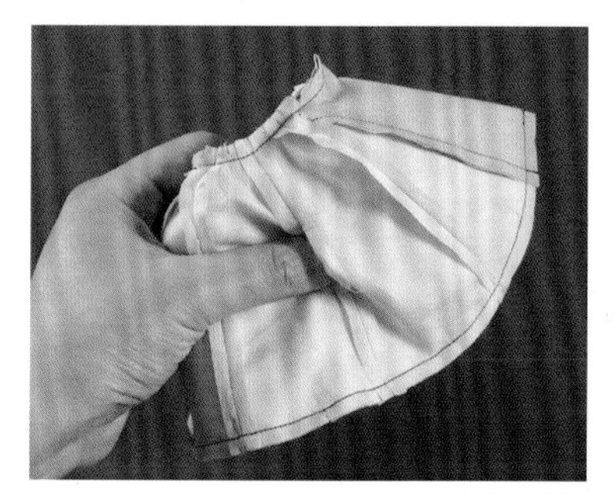

34 从里衬的返口翻回正面。使用锥子整理出漂亮的尖角。

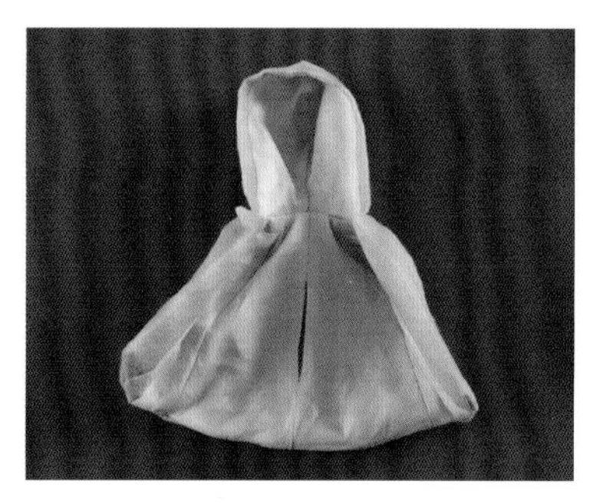

35 翻回正面。

36 使用熨斗整烫。

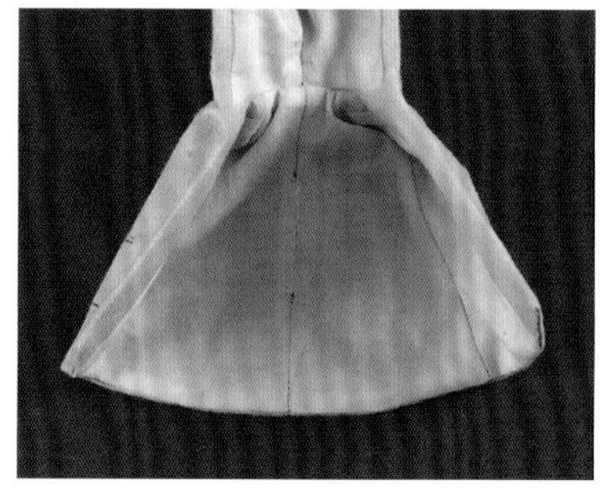

37 用藏针缝缝合里衬的返口。

38 按照自己的喜好，在前身片钉缝装饰扣或珠子。

39 在装饰扣背面钉缝钩扣，另一侧的前襟钉缝线环，钩扣的缝制方法、线环的制作方法参照p.23。完成斗篷。

arrange 斗篷的穿搭方法

肩部的线条立体感十足，穿着时整体的轮廓非常漂亮、有型。
推荐使用法兰绒、天鹅绒、薄款羊毛等布料。
里衬可以选择具有光泽的里衬专用涤纶布料，
使完成的斗篷更具奢华感。

斗篷的帽子

帽子的尺寸完全可以覆盖模特娃娃的头部

可以稍稍加大11cm尺寸斗篷的帽子

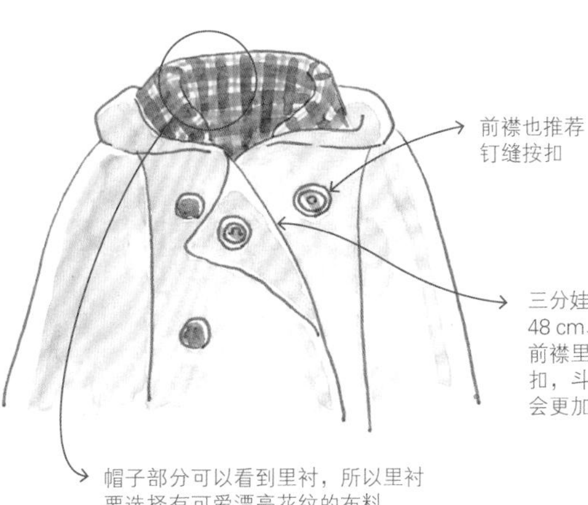

Lesson 8 系带无边帽

系带无边帽

所需材料 ※以ruruko为模特。

布料・・・16cm×16cm

缎带・・・适量

前

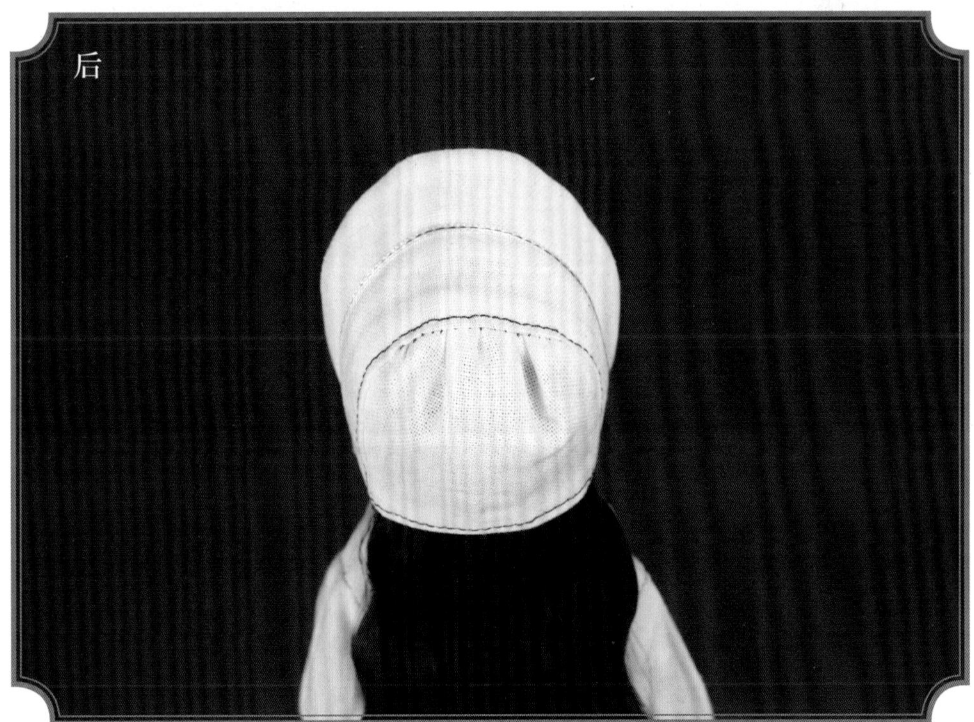
后

系带无边帽

各尺寸的适用范围

制作步骤页面使用的是以ruruko为模特的20cm尺寸。
纸型共登载了11cm和27cm通用、20cm、48cm三种尺寸。

11cm尺寸

这里的11cm尺寸是以OBITSU 11cm素体为模特。
适用本书11cm尺寸的娃娃有OBITSU 11cm素体、黏土人（女孩、男孩）、PiccoNeemo S素体。
除OBITSU 11cm素体外，其他娃娃都不能穿着。

27cm尺寸

这里的27cm尺寸是以momoko为模特。
适用本书27cm尺寸的娃娃有momoko、六分男子图鉴（Eight&Nine）、U-Noa Quluts Light荒木（Flourite&Azurite）、珍妮、FR Nippon Misaki。
除了珍妮，所有适用的娃娃都可以穿着。珍妮娃娃适用20cm尺寸，略微偏小。

20cm尺寸

这里的20cm尺寸是以ruruko（PureNeemo XS素体）为模特。
适用本书20cm尺寸的娃娃有ruruko、PureNeemo XS素体、兔子娃娃、丽佳、Blythe（小布）、PureNeemo S素体、PureNeemo男孩S素体。
兔子娃娃不能穿着。丽佳和PureNeemo S素体略微偏小。

48cm尺寸

这里的48cm尺寸是以Alice Time of Grace Ⅲ（OBITSU 48cm素体S胸）为模特。
适用本书48cm尺寸的娃娃有U-Noa Quluts荒木女孩、Blue Fairy女孩（Tiny Fairy）、OBITSU 48cm素体（S、M胸）、OBITSU 50cm素体（S、M胸）、OBITSU 55cm素体、LUTS女孩（Kid Delf、Senior Delf）。
所有适用的娃娃都可以穿着。U-Noa Quluts荒木女孩、LUTS女孩（Kid Delf）稍稍偏大。

※娃娃的分类、各尺寸的适用范围均出自日本株式会社图像出版社的调查。请勿向生产厂商咨询。

arrange 系带无边帽的穿搭方法

使用制作连衣裙或背带裙的同款布料来制作系带无边帽，会非常别致、可爱！
对于三分娃娃（例如 48cm、55cm），也可以选择和斗篷同款的布料制作。

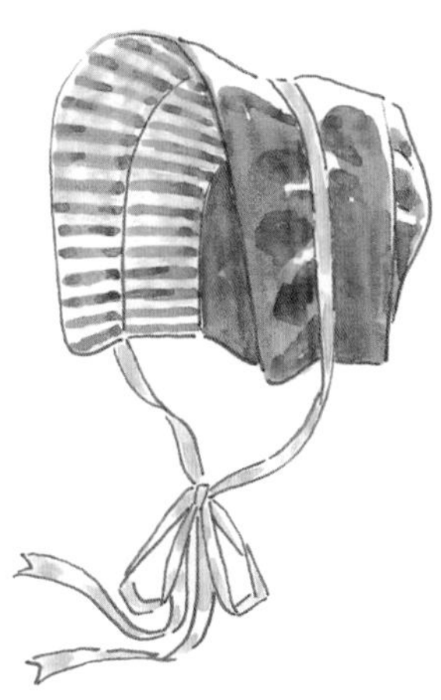

需要帽檐更硬挺时，可以使用熨斗和喷胶，在布上粘贴薄款的黏合衬

☆27cm尺寸和11cm尺寸娃娃的头部大小相近，系带无边帽的纸型可以通用，其他款式的帽子纸型也可以通用

系带无边帽

20cm 尺寸实物大纸型

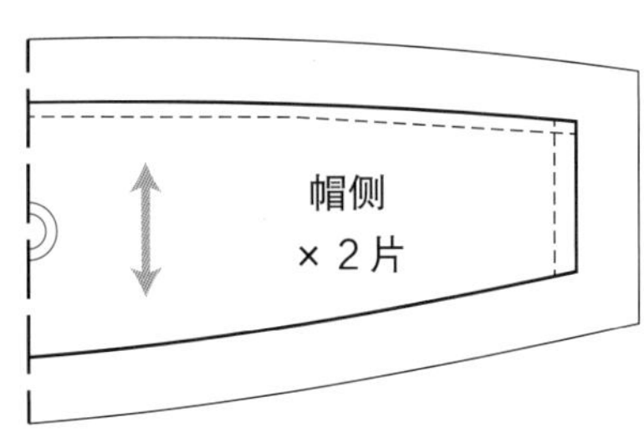

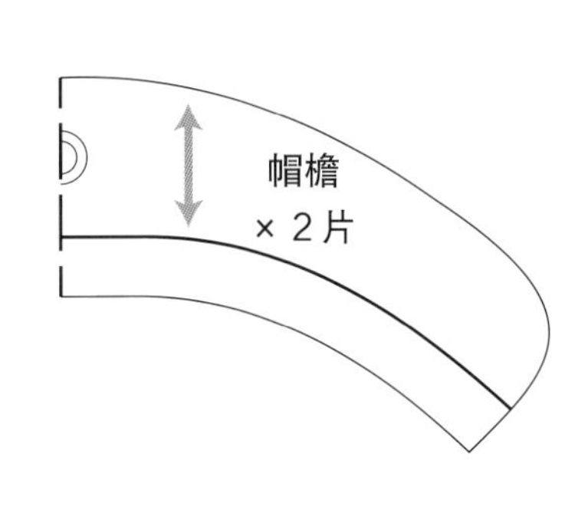

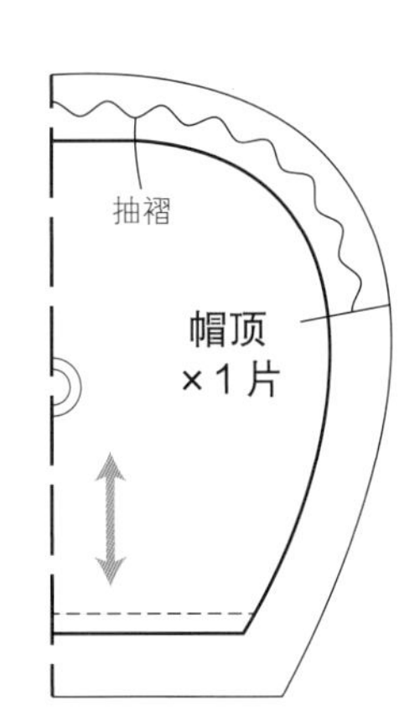

系带无边帽的制作方法

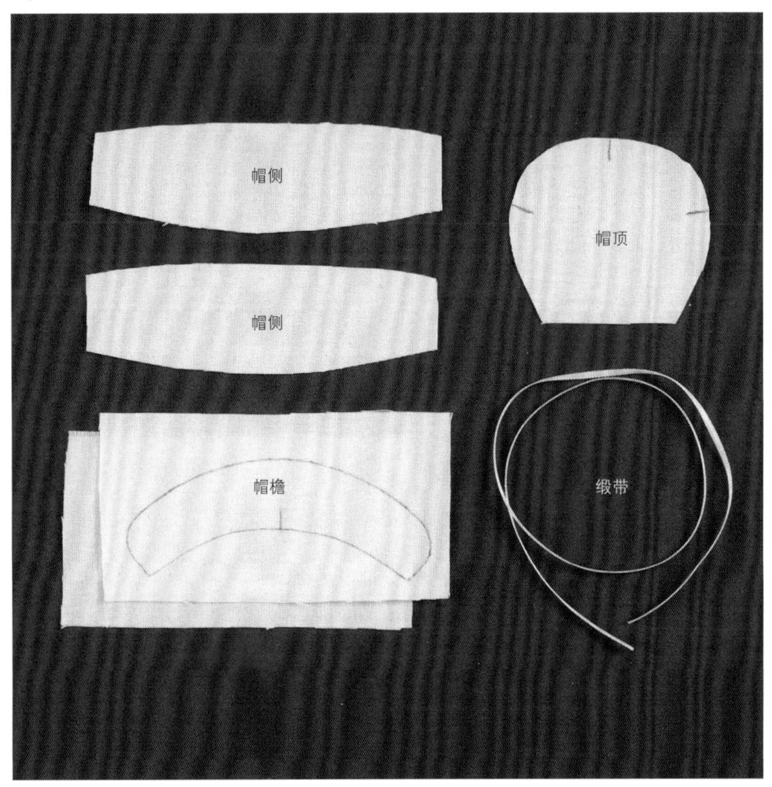

1 裁剪布料，涂上锁边液。做好需要的记号点。帽檐部分需要缝合后再裁剪，先画好缝线。

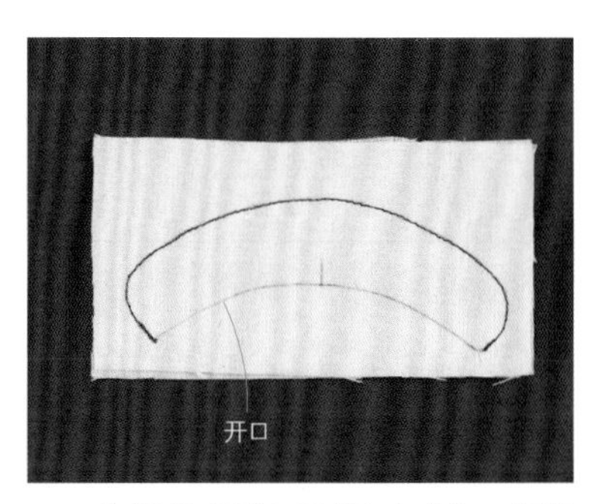

2 将帽檐部分正面相对对齐，留出开口后缝合其余部分。

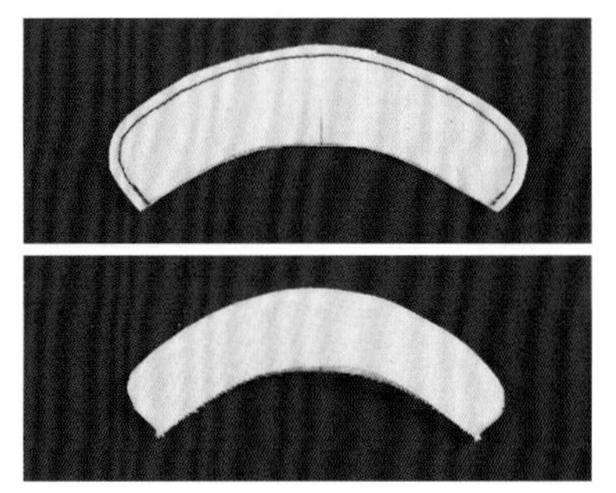

3 留出2~3mm缝份，裁剪去多余的布料。开口处已含有缝份，直接沿记号线裁剪即可。从开口翻回正面，使用熨斗熨烫。

4 画好帽檐中心点、帽侧中心点和缝制帽檐位置的记号点。缝制帽檐的位置距帽侧两端5mm。

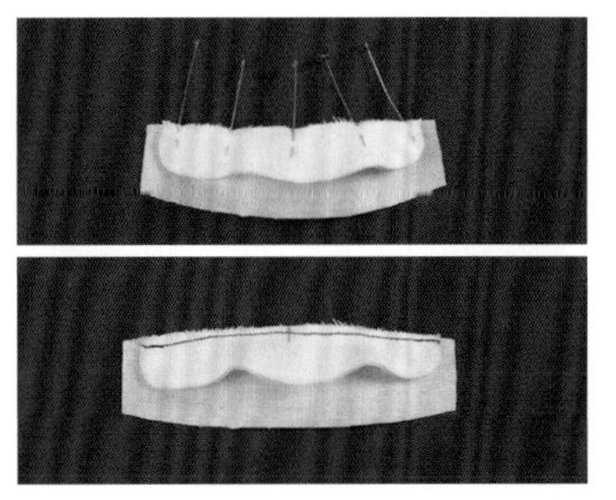

5 将一片帽侧与帽檐正面相对对齐，按照中心、两端、中心和两端之间的顺序用珠针固定（上）。留5mm的缝份，缝合在缝份内侧（下）。

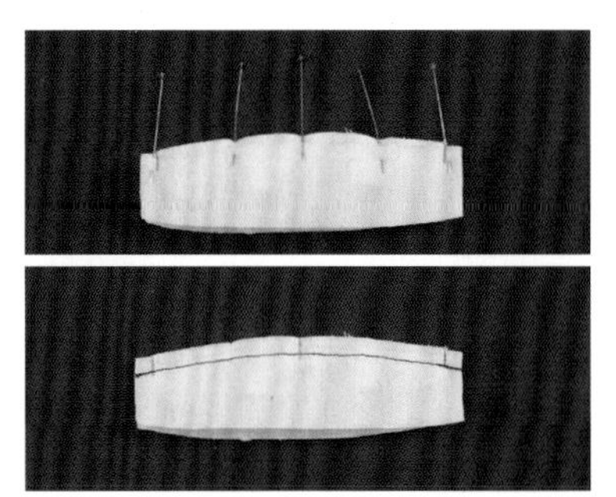

6 正面相对对齐另一片帽侧，以同样的方法用珠针固定（上），沿完成线缝合（下）。

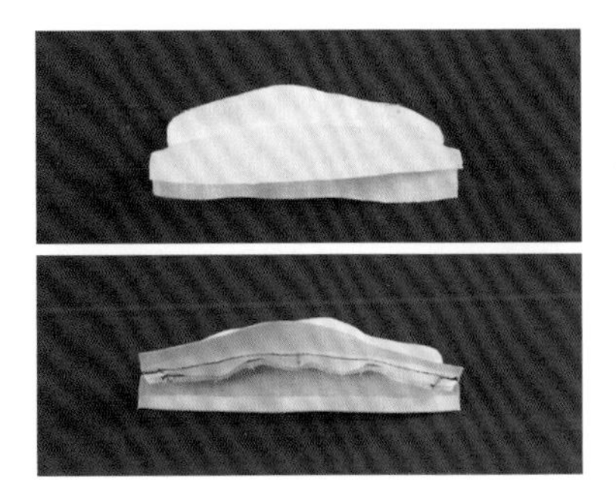

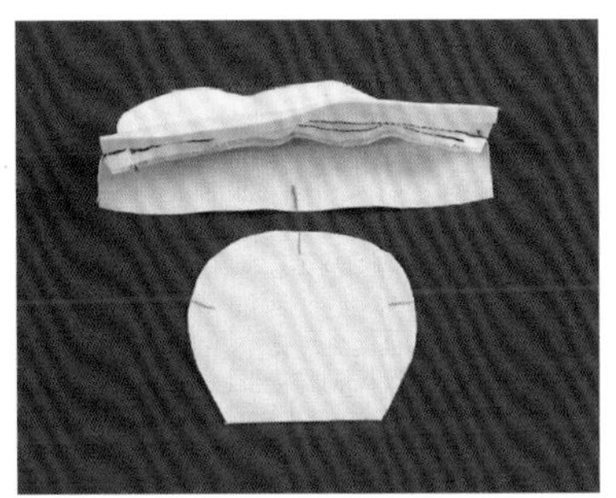

7 打开帽侧，缝份倒向帽侧（上）。折叠一片帽侧的缝份，使用熨斗熨烫（下）。

8 画好另一片未折叠缝份的帽侧中心点（上）、帽顶中心点和抽褶位置记号点（下）。

9 用平针缝缝制帽顶的抽褶位置。暂时先不要断线，便于调整抽褶。

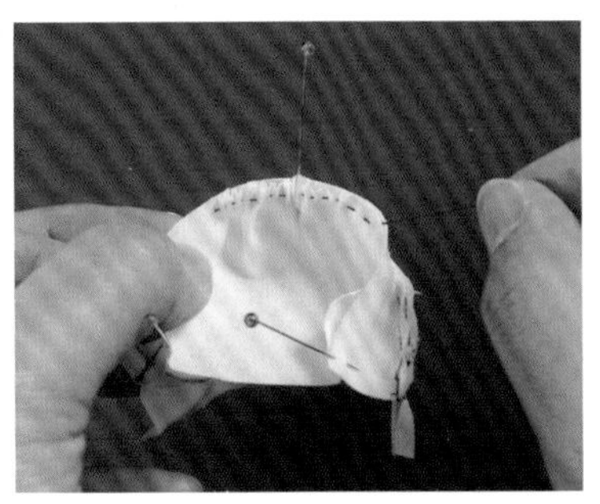

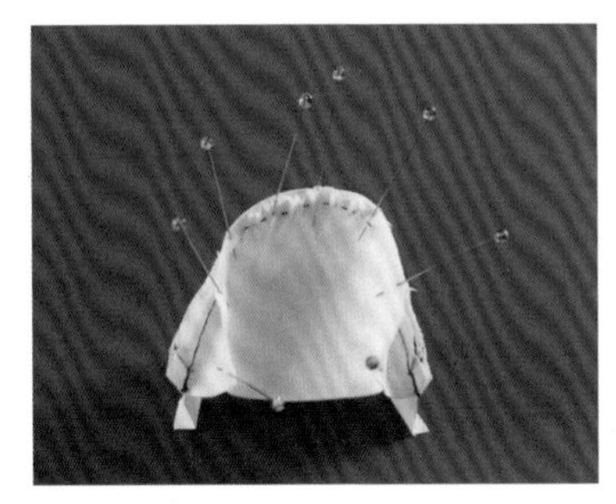

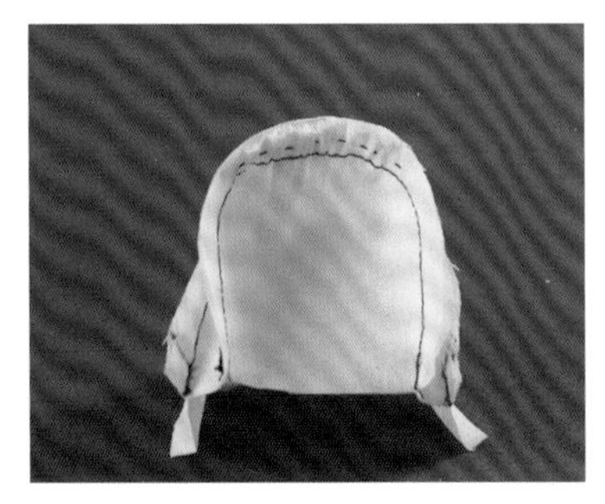

10 正面相对对齐帽顶和画好记号点的帽侧，中心和两端用珠针固定，拉紧帽顶上抽褶的缝线，使帽顶曲线的长度缩至与帽侧一致。

11 沿帽顶用珠针固定。

12 缝合帽顶和一片帽侧。

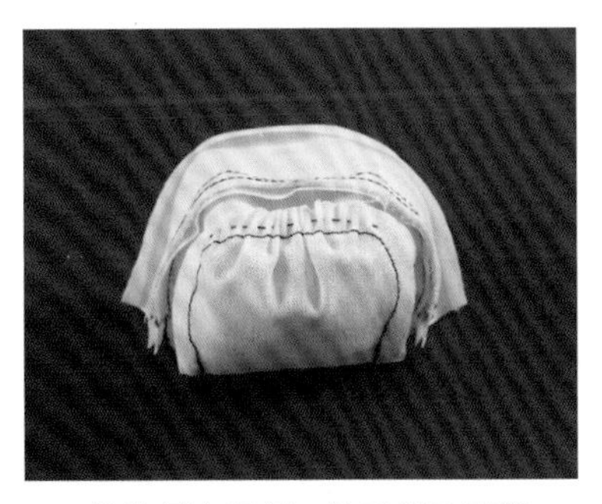

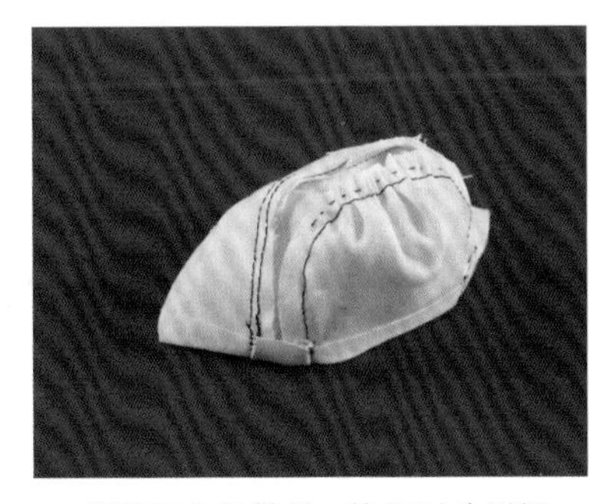

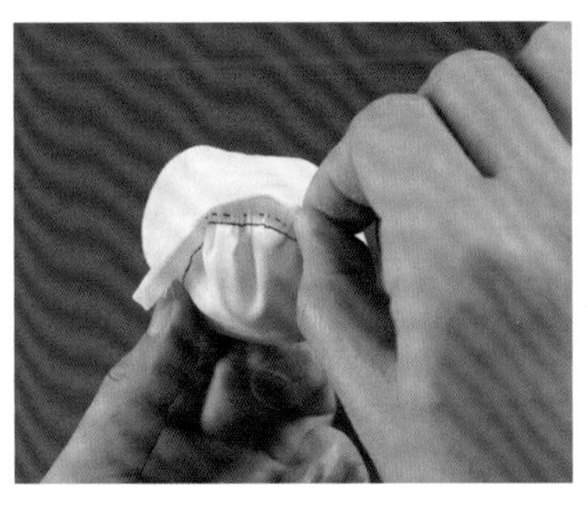

13 缝份倒向帽侧，使用熨斗熨烫。

14 折叠下方的缝份，使用熨斗熨烫。

15 翻折步骤7折叠好缝份的一片帽侧，倒向帽顶。

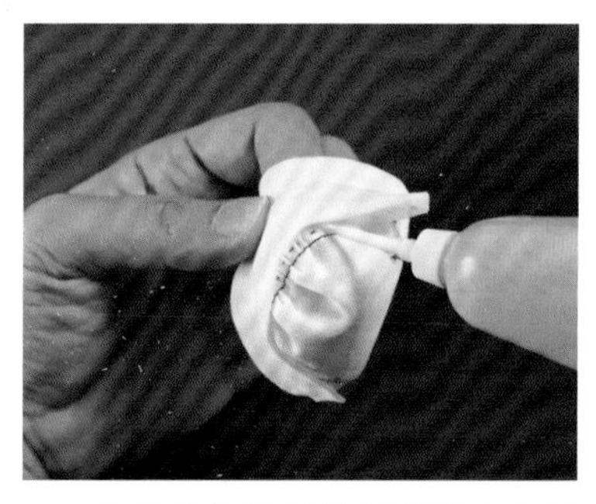

16 在折叠好缝份的帽侧涂上布用胶，与帽顶粘贴。

17 固定帽侧与帽顶。

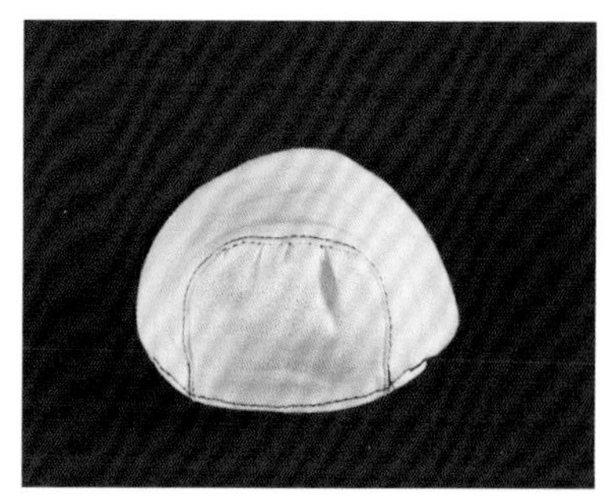

18 翻回正面，压缝帽侧和下方的缝份部分，使用熨斗熨烫。

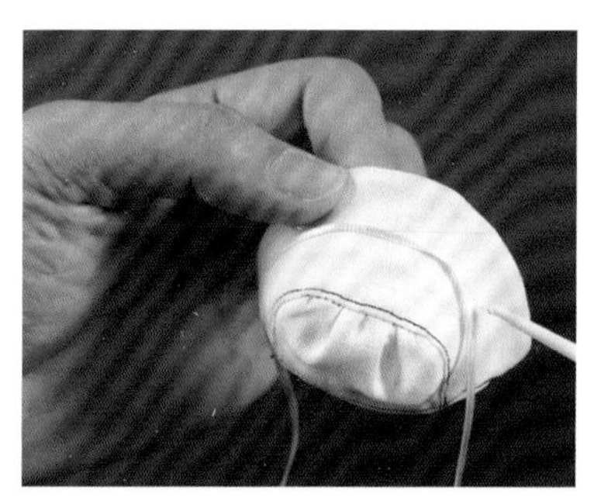

19 缎带对齐帽侧与帽檐的接缝处，使用布用胶粘贴。

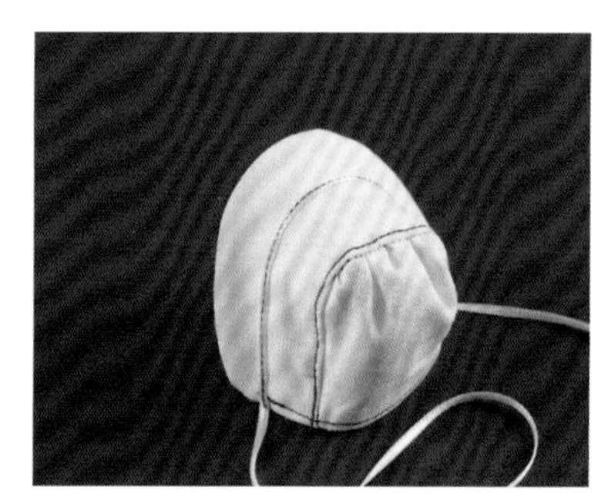

20 压缝缎带。

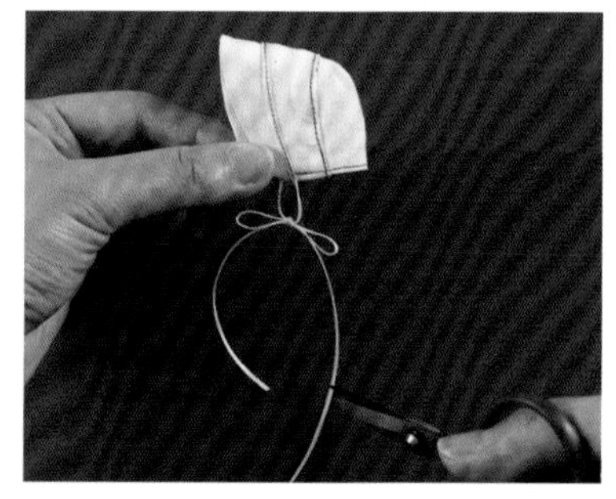

21 先给娃娃试戴帽子，再将缎带打结。缎带尾部留出合适的长度，涂上锁边液。完成系带无边帽。

大尺寸娃娃衬衣的做法

(开口式袖子)

大尺寸娃娃衬衣的袖子，和其他尺寸的制作方法略有差异。
为了娃娃在穿脱时不用取下手部，可以将袖口制作成开口式的。
虽然有一点点难度，但是对于三分娃娃（例如48cm、55cm）的衣服来说，讲究追求一些细节，
完成的衣服也会更具真实感。
如果希望更为正式一些，袖口可以不使用按扣，而是使用扣子和扣环。
48cm尺寸的娃娃，也可以参考55cm尺寸的纸型制作开口式的袖子。

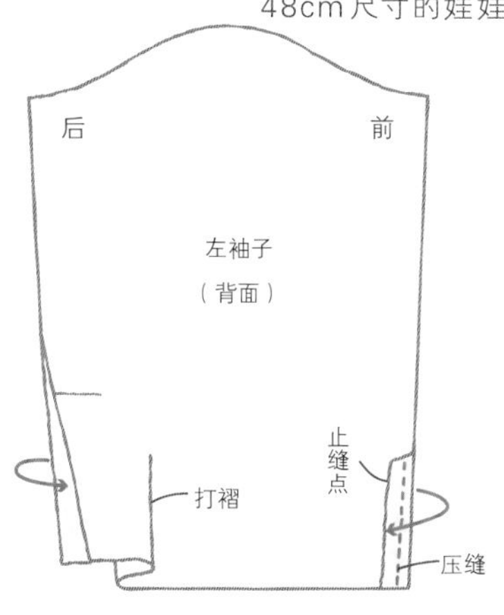

1 折叠袖口前、后开口处的缝份，前侧压缝固定，后侧仅折叠即可。

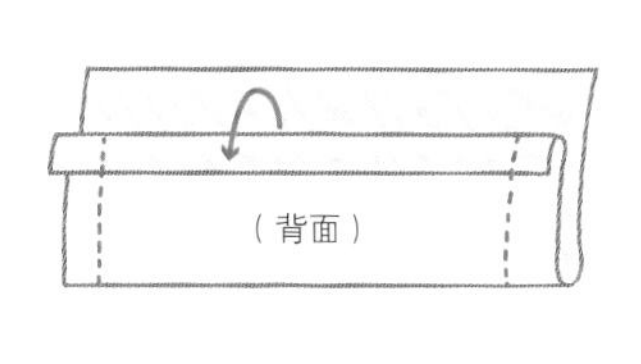

2 折叠袖口布一侧的缝份，参考图示正面相对折叠缝合两端。

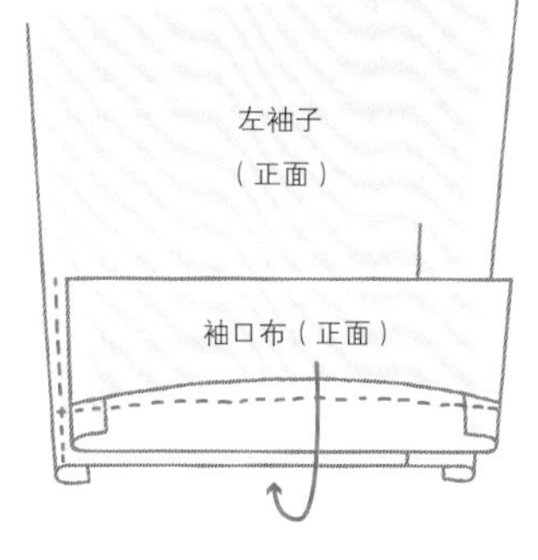

3 将袖口布翻回正面，未折叠缝份的一侧与袖口正面相对对齐，缝合。

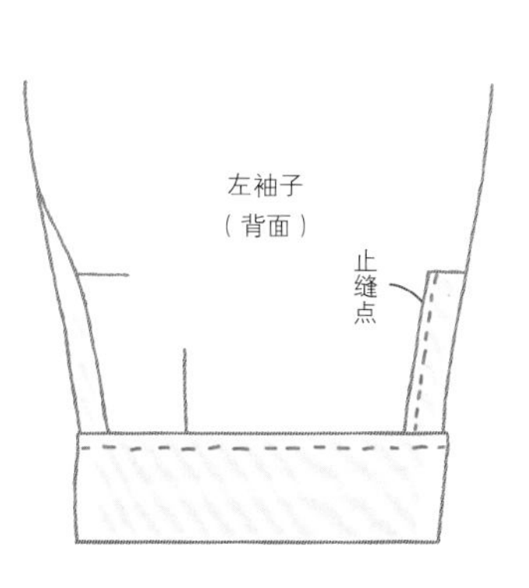

4 用袖口布包住袖口缝份，使用熨斗熨烫，沿边缘压缝。

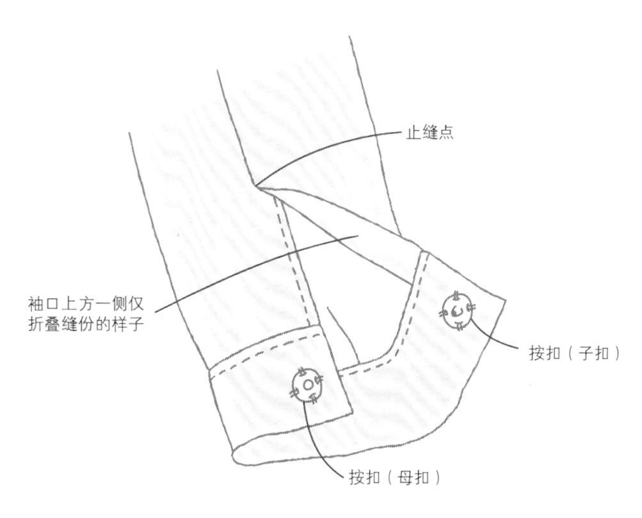

5 缝合袖下线至止缝点，在袖口布上钉缝按扣。

关口妙子

日本有名的手作设计师，从 2001 年开始制作娃衣（给人偶穿的衣服）。现在为 PetWORKs、sekigchi、ASS 等公司设计人偶的服装和配饰，并成立了自己的品牌（F.L.C.）进行原创服装的制作。著有多本娃衣书。

https://flc.theblog.me/

备案号：豫著许可备字 -2020-A-0171

图书在版编目（CIP）数据

关口妙子的娃衣教科书 /（日）关口妙子著；项晓笈译. —郑州：河南科学技术出版社，2022.1

ISBN 978-7-5725-0611-6

Ⅰ. ①关…　Ⅱ. ①关…　②项…　Ⅲ. ①童服-服装量裁②童服-服装缝制　Ⅳ. ①TS941.716

中国版本图书馆CIP数据核字（2021）第195014号

タイトル：TOTTEOKI NO DOLL COORDINATE RECIPE
teineini tsukuru otokonoko to onnanoko no yosoyukifuku

This book was first designed and published in Japan in 2019 by Graphic-sha Publishing Co., Ltd.
This Simplifiled Chinese edition was published in 2022 by Henan Science & Technology Press

Original edition creative staff

Book Design: Motoko Kitsukawa

Photo: Yuko Fukui, Kazumasa Yamamoto
Patterns and Illustration: Mono
Doll Custom: nico / Tatsuta

Cooperation:
AZONE INTERNATIONAL Co., Ltd.

Obitsu Plastic Manufacturing Co., Ltd.
PetWORKs Co., Ltd.

PetWORKs Store Global http://petworks.ocnk.net/
PARABOX Ltd.
Mayako Fukushima
Kishimu Youcha Kikaku
DOLK Main store in Tokyo

Photograph and lease:
AWABEES
UTUWA

Editing and planning: Noriko Nagamata（Graphic-sha Publishing Co., Ltd.）

出版发行：河南科学技术出版社
地址：郑州市郑东新区祥盛街27号　　邮编：450016
电话：（0371）65737028　65788613
网址：www.hnstp.cn

策划编辑：梁莹莹
责任编辑：梁莹莹
责任校对：梁晓婷
封面设计：张　伟
责任印制：张艳芳
印　　刷：北京盛通印刷股份有限公司
经　　销：全国新华书店
开　　本：787mm×1 092mm　1/16　　印张：7　　字数：250千字
版　　次：2022年1月第1版　　2022年1月第1次印刷
定　　价：69.00 元

如发现印、装质量问题，影响阅读，请与出版社联系并调换。